有钩针猫咪陪伴的生活

[日] 猫山　著
何凝一　译

河北科学技术出版社

前言

“玩偶猫”是指钩织玩偶猫咪。
玩偶猫诞生的契机源于我想制作一只“熟睡的猫咪”。
睡觉时，猫咪的四肢伸得直直的，
一幅永远睡不醒的样子，
屁股也随意翘着……
给猫咪内部加入些重物，并加长四肢的话，它还能好好地端坐在那里呢。

每个人制作的玩偶猫都会有微妙的差别。
即便出自同一人之手，但制作时的心情也完全不一样，
所以也会间接地反映到玩偶猫的脸上。
毛线要挑选手感轻柔、自己喜欢的颜色，
这样一来，不仅完成后的成就感十足，钩织过程也令人愉悦。
还有，完成后要给猫咪取名字、悉心照顾好它哦。

玩偶猫可以摆出各种造型，
因此不仅好玩，拍照时也非常有趣呢。

本书记录了我与玩偶猫每天的快乐时光。
页面中的每个角落都充满了乐趣，
作为玩偶猫的创作者，我感到非常幸福。

猫山

关于玩偶猫的使用方法

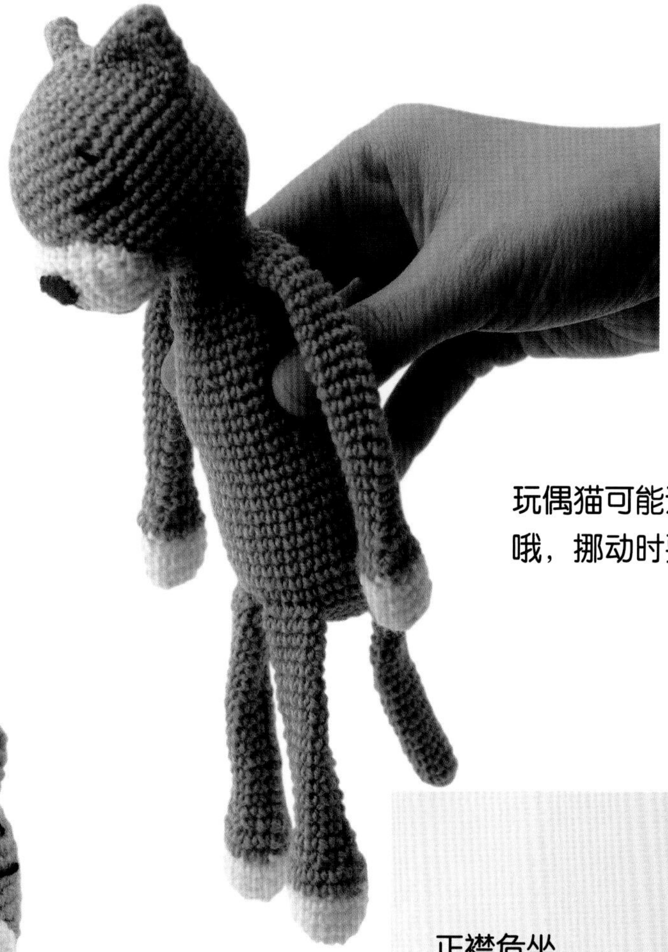

玩偶猫可能还没睡熟
哦，挪动时要轻一点

身体很有力，可
以一个人跪坐着

正襟危坐

目录

钩针日制针号换算表

日制针号	钩针直径
2 / 0	2.0mm
3 / 0	2.3mm
4 / 0	2.5mm
5 / 0	3.0mm
6 / 0	3.5mm
7 / 0	4.0mm
7.5 / 0	4.5mm
8 / 0	5.0mm
10 / 0	6.0mm
0	1.75mm
2	1.50mm
4	1.25mm
6	1.00mm
8	0.90mm

玩偶猫来喽

喝茶

怎么啦？太烫？

小蓝："其实吧，我想要的不是茶，果汁可以吗？"

电脑

小灰！不要偷看我的电脑哦。

日记你又看不懂。

快让开啦！

要来到你喽~~
小灰："呜哇哇哇哇！"

扫帚

小粉："喂喂，我们来一起玩扫帚吧！"

小茶："好啊！"

众人："准备好喽！"
啊？真拿你们没办法啊……

准备好了？扫帚来喽~
众人："轱辘~轱辘~滚动起来啊！"

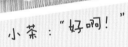

眼镜

小粉："我要戴这个！"

小粉："我就要戴这个嘛！"

小粉："哇……"

小粉："再把它推到额头上！"

淘气鬼

棉被拍子

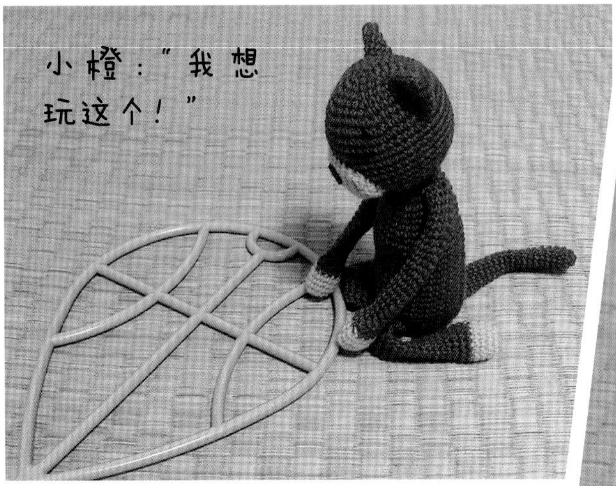
小橙："我想玩这个！"

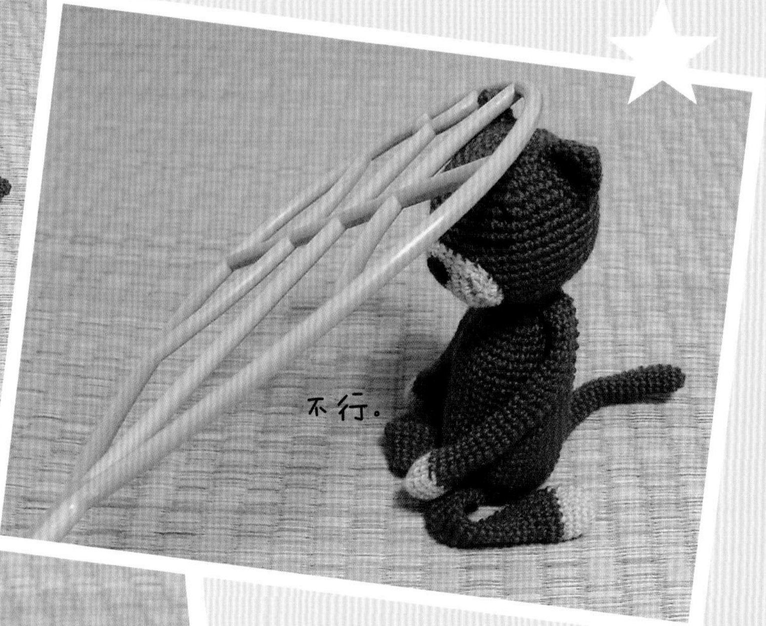
不行。

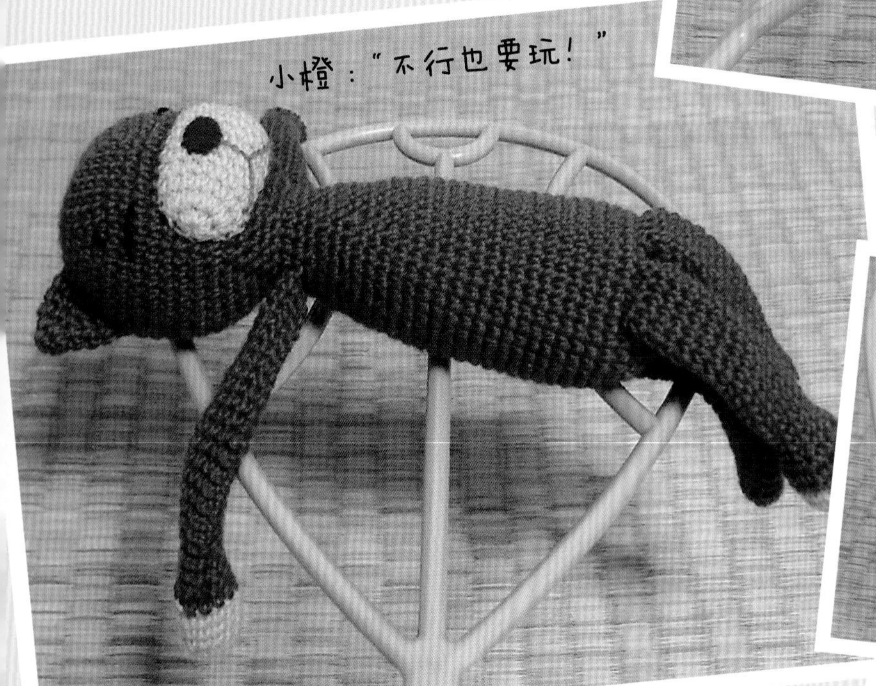
小橙："不行也要玩！"

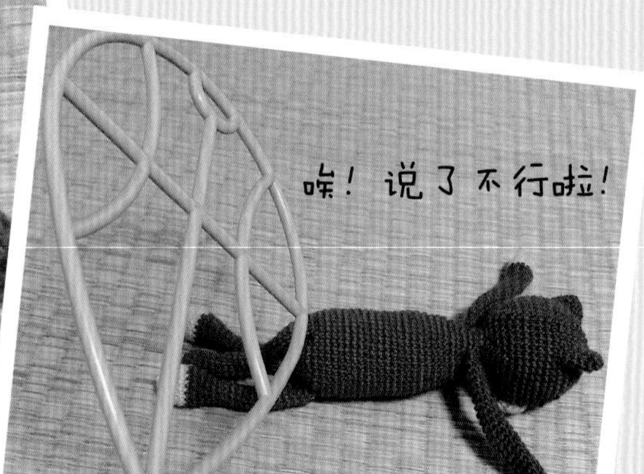
唉！说了不行啦！

鼠标

小白："一起玩会儿嘛！"

小白："别工作啦！"

小白："哼！"
喂，那个不能按啦！！

橡皮圈

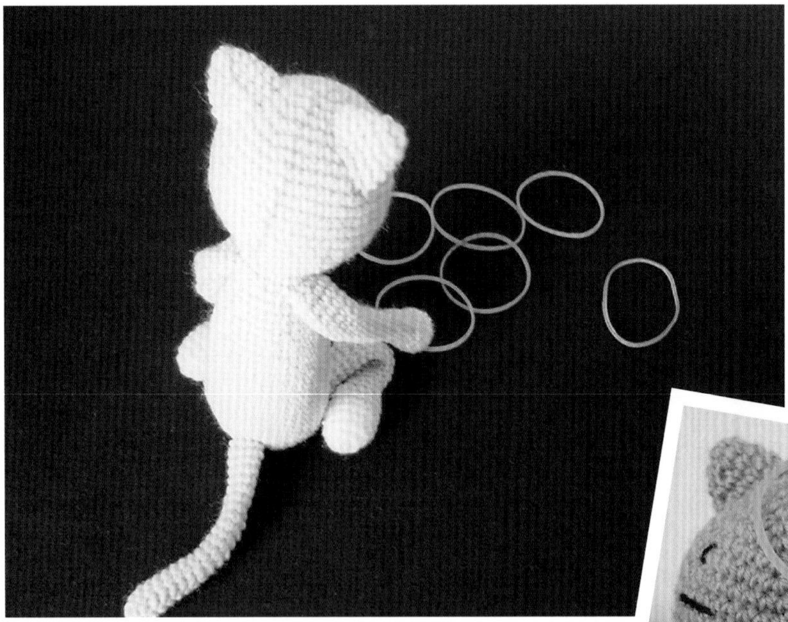

小白："我要出手喽！"

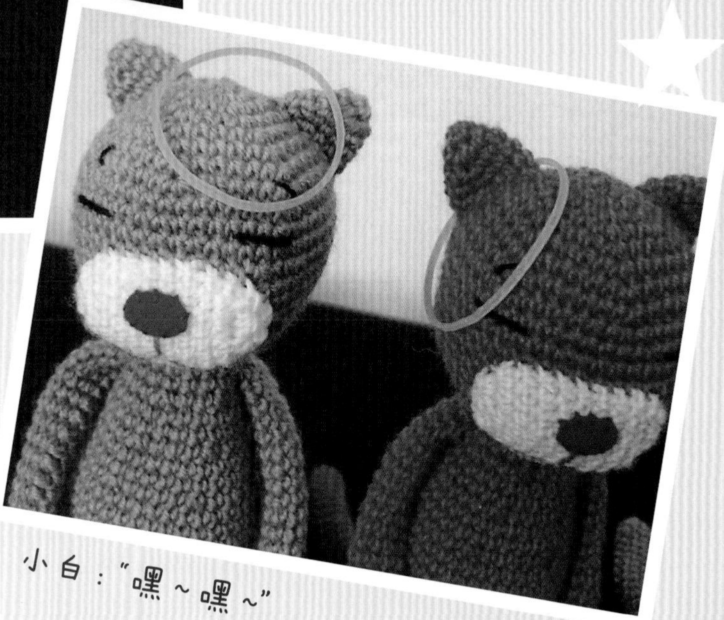

小白："嘿~嘿~"

小白："嘿……嘿哟……嘿哟！"

小白，你很厉害嘛！

神经衰弱

小粉："我要掀开！"

众人："好了吗？都躲起来啦！"

小橙："那我也掀开吧！"
哎，到底谁跟谁才是一伙儿的啊？真搞不懂！

小紫："我也掀开！"

去看看

这次又要干什么啦?

你钻到信封里干什么，你要去哪里?

嗯，法国?

电话

喂……喂……

小灰：“咦？难道要在这里才能听到？”

半个面包

我一个人怎么能吃这么大
一个面包啊！
小绿好像察觉到了……

好啦好啦，
给你一半，
拿着。

轻盈落地

看吧，沾到鼻
子上了吧。

窗边

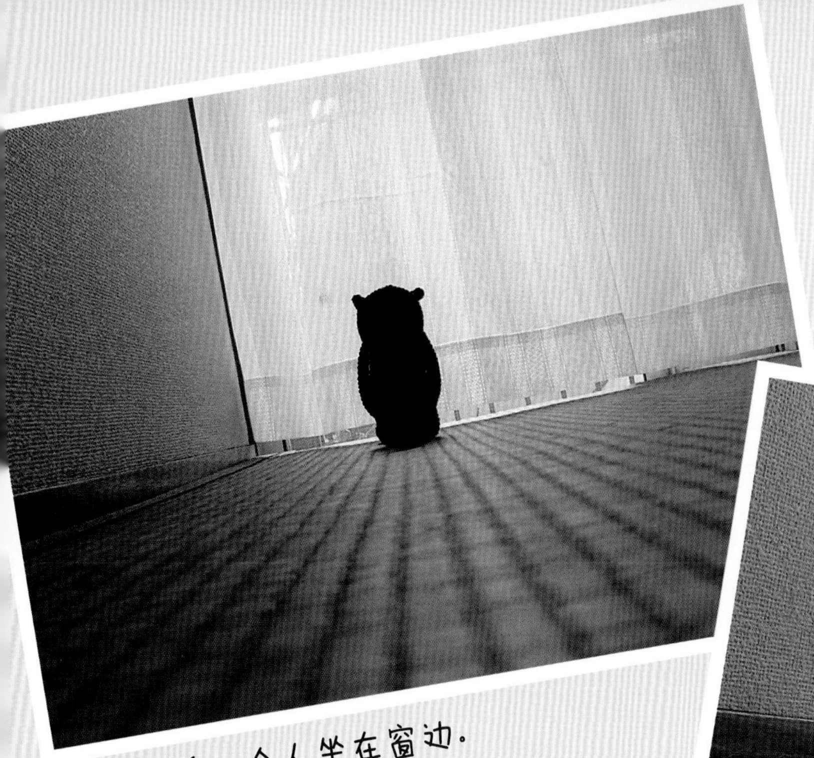

克鲁丘一个人坐在窗边。

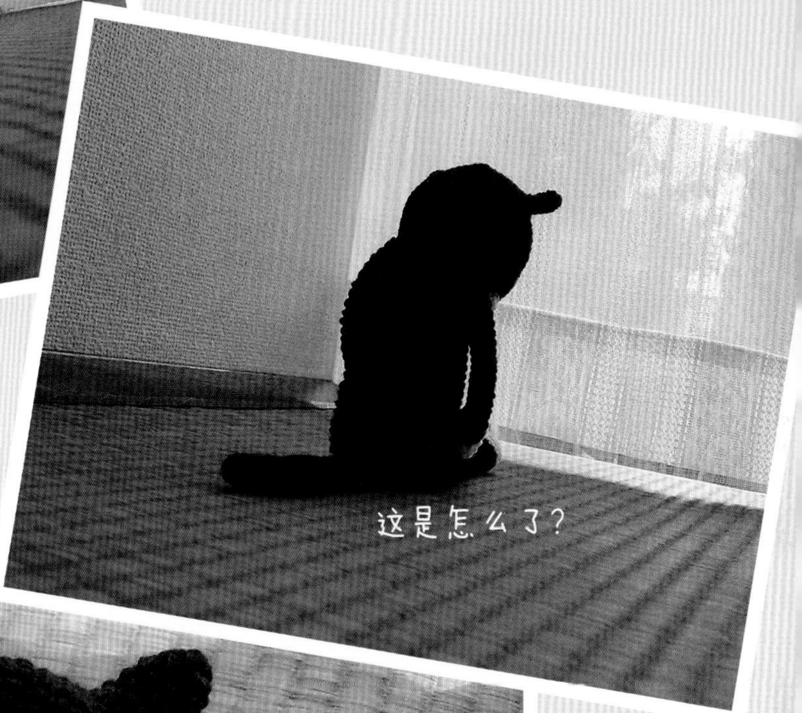
这是怎么了?

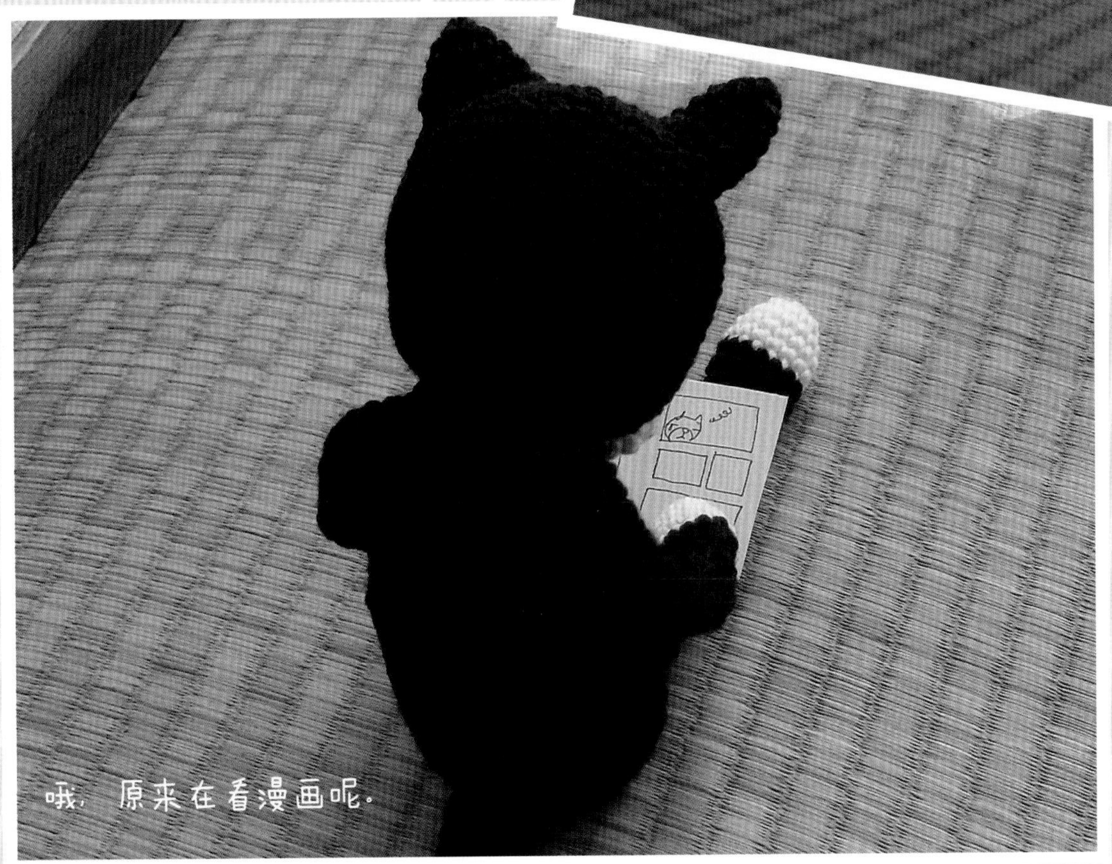
哦，原来在看漫画呢。

任何东西都能当玩具

盒子

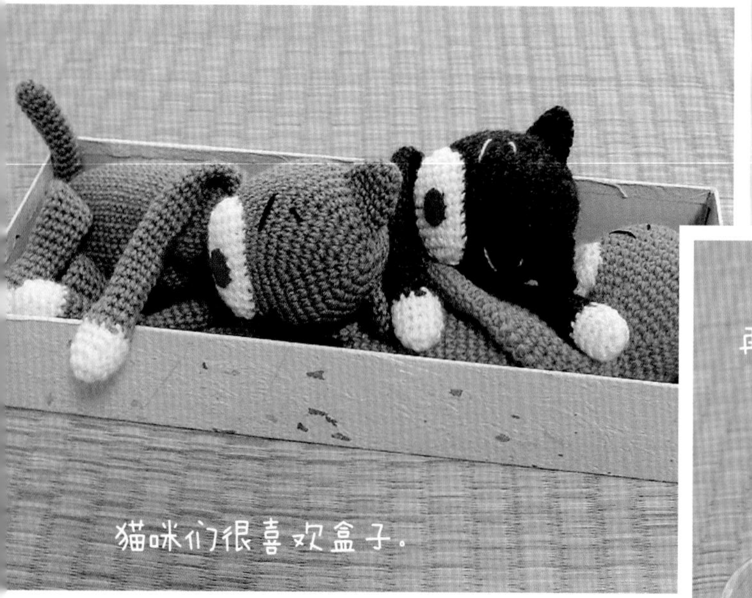
猫咪们很喜欢盒子。

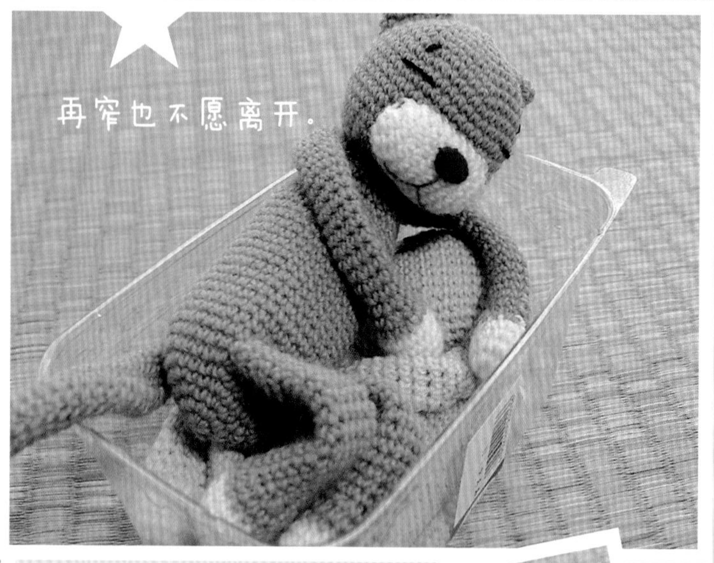
再窄也不愿离开。

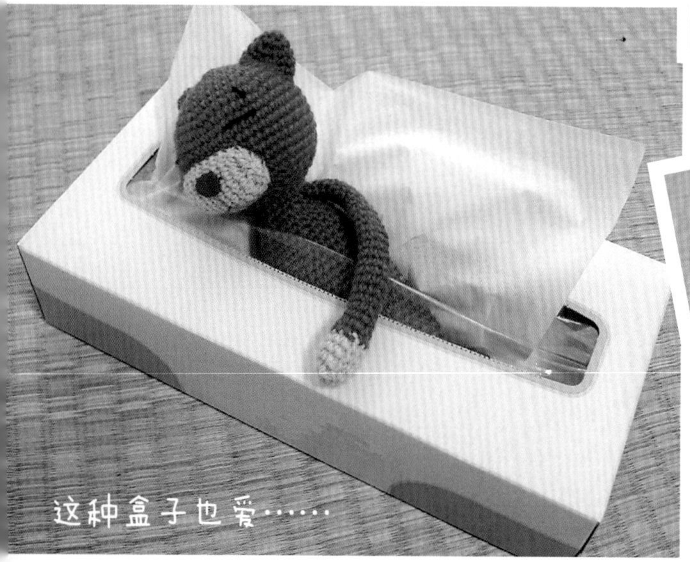
这种盒子也爱……

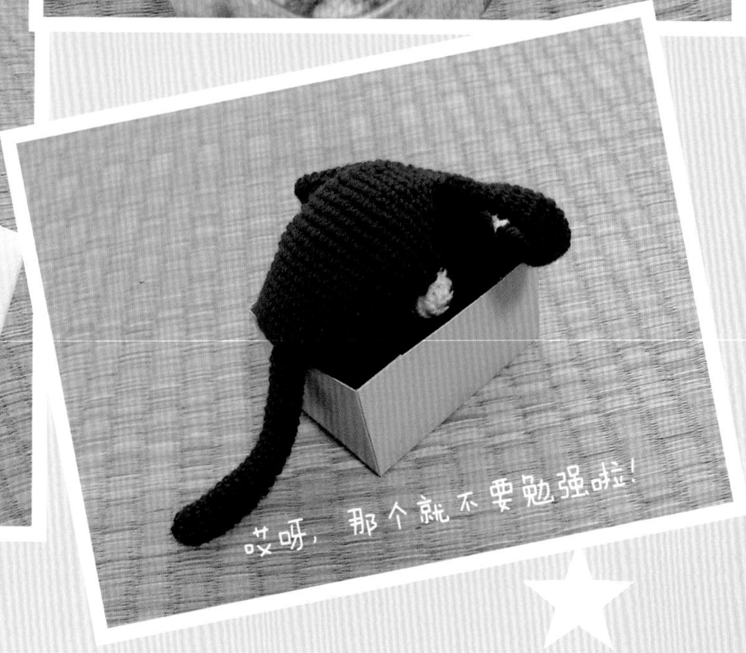
哎呀，那个就不要勉强啦！

不可思议的毛线

可可米："毛线球耶！"

可可米："我钻进去试试！"

可可米："嘿哟……嘿哟……"

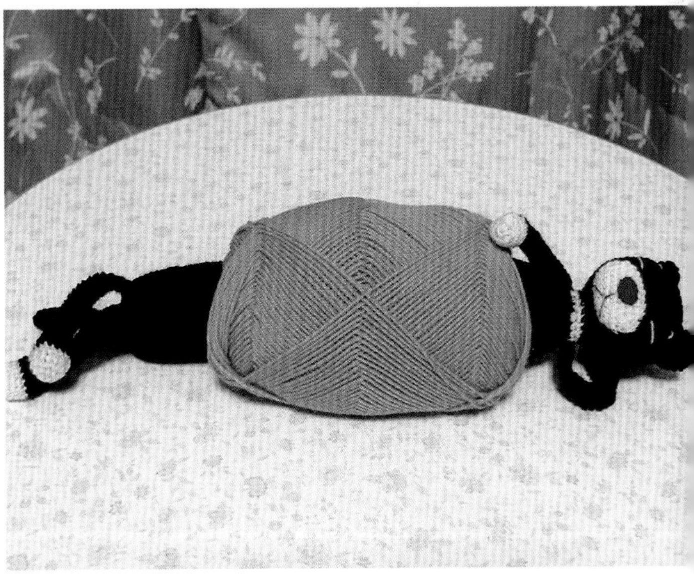

可可米："哇，身体变长了耶！！"

我就轻轻碰了一下而已嘛

小灰："啊！"

小灰："惨……惨了！"

小灰："讨……厌，越缠越紧了！"

小粉："你没事吧？"

小灰："哎，差点没死掉！"

咦?

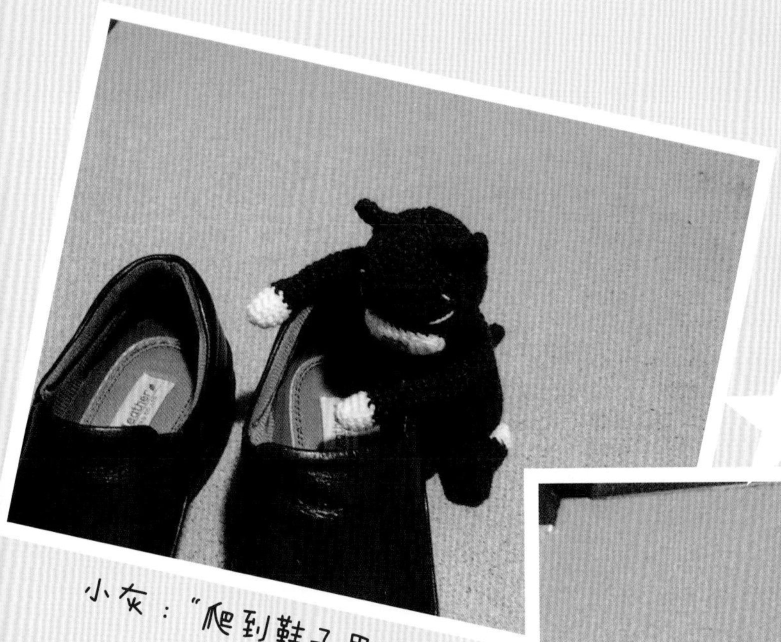

小灰："爬到鞋子里看看！"

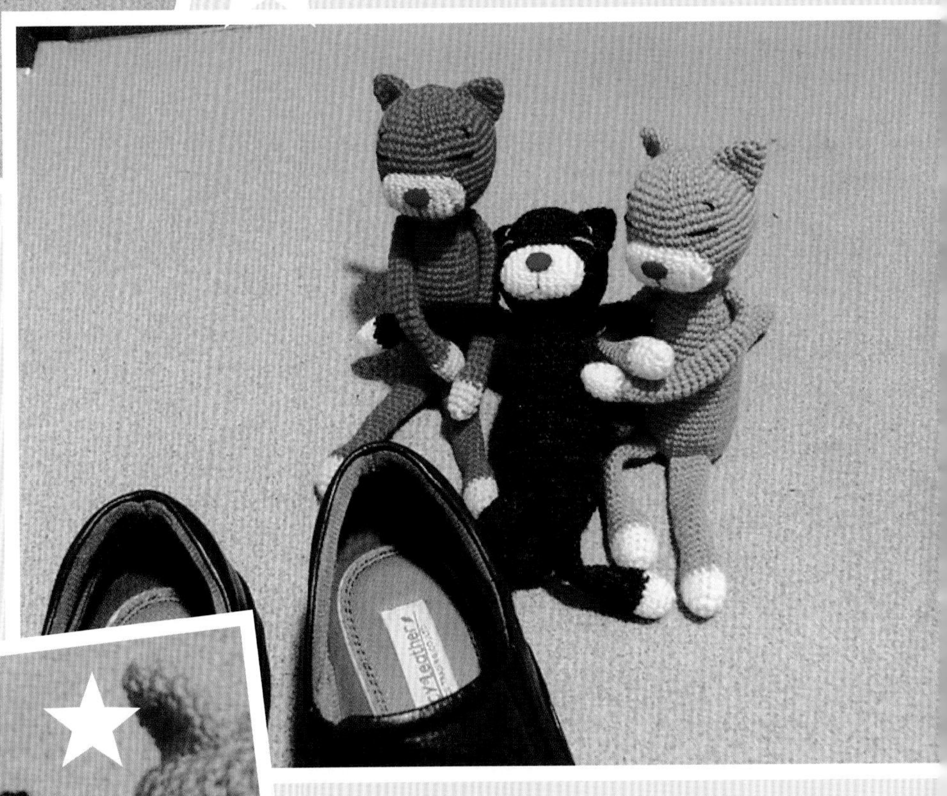

小灰："大家都说必死无疑，拼命拦着我。"

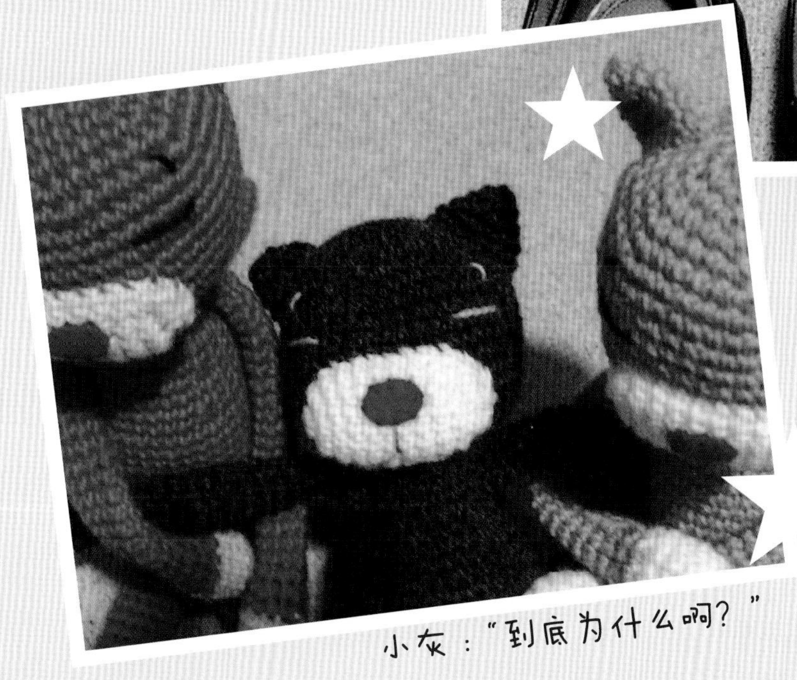

小灰："到底为什么啊？"

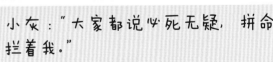

贪吃鬼

小绿失踪了

咦，小绿呢？
众人："不知道啊！"

小绿失踪了？
众人："都没看见他呀！"

也不在这里，到底去哪儿了？

呀，在这儿呢！
小绿："点心，还有吗？"

结算

小绿："嗯……"

小绿："超支了啊！"

小绿："这个月不能再吃面包了！"

小绿："没办法啦，只能在梦里吃了。"

关东煮

大家都画了画。

小绿的画永远都是食物。

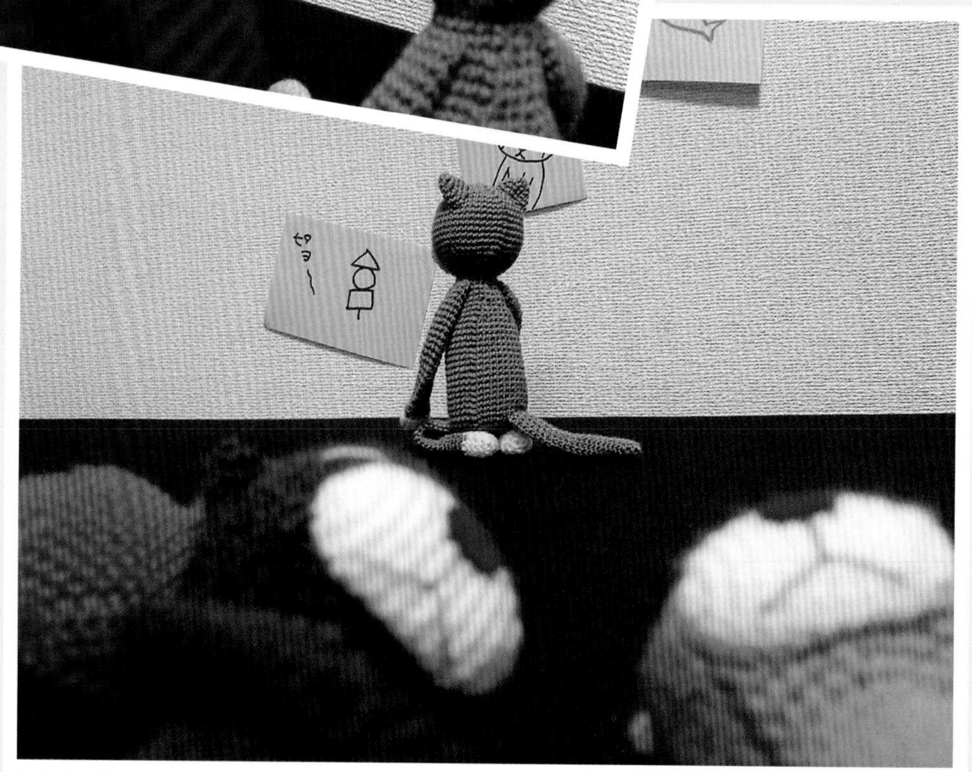

其他人都睡了，就他还在看……

红茶

小绿："红茶的味道好好闻哦，但要一直这样的话……"

小绿："肯定会变成这个样子的……"

小绿："啊，好吓人呐！"

味噌汁

小蓝："好担心，今天有没有啊……"

看！

小蓝："哇喔，我最爱味噌汁的小鱼啦！"

蛋糕

那个盒子，本该是放到冰箱里的……

那耳朵是谁的！

啊……吃得正高兴呢！

奶油

打算吃个泡芙。

咦？中间的奶油怎么不见了！

那些家伙，好可疑……

果然！

蛤蜊

小粉喜欢的东西。

蛤蜊……

蛤蜊的壳。
她最喜欢这个样子啦。

掌握窍门
玩偶猫的习性 1
端坐时的样子

膝盖尽量弯曲。

臀部轻轻坐到脚的上方。

背面图

真想戳一下它的后脑勺。

正面图

不错，再坚持一会儿哦！

俯视图

肚子饿瘪了。

侧面图

眼睛瞅哪儿呢？

端端正正地跪坐着倒不
是什么难事，
可时间一长……

端坐了大概……

10分钟？

腿麻了！

张开腿跪坐着。

这样可以吗？

算了算了！

各种奇怪的坐姿

趾高气昂

满怀歉意

轻松随意

不能打结哦！

正确的双手抱胸方法

抱手时手掌要插到手肘的内侧。

双手抱胸

老爷爷的坐姿

这样坐可不行哦！

纠结

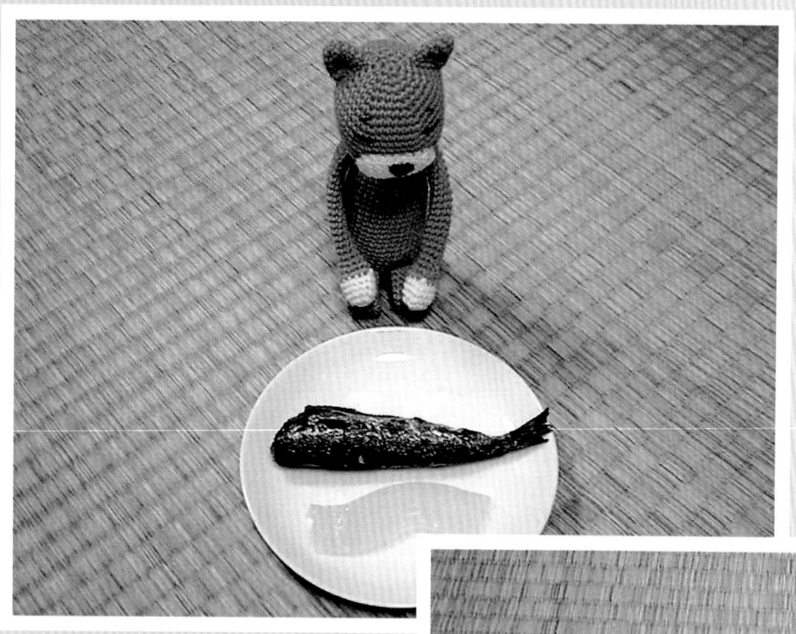

美度（内心）："怎么办？沙丁鱼和墨鱼我都不喜欢！"

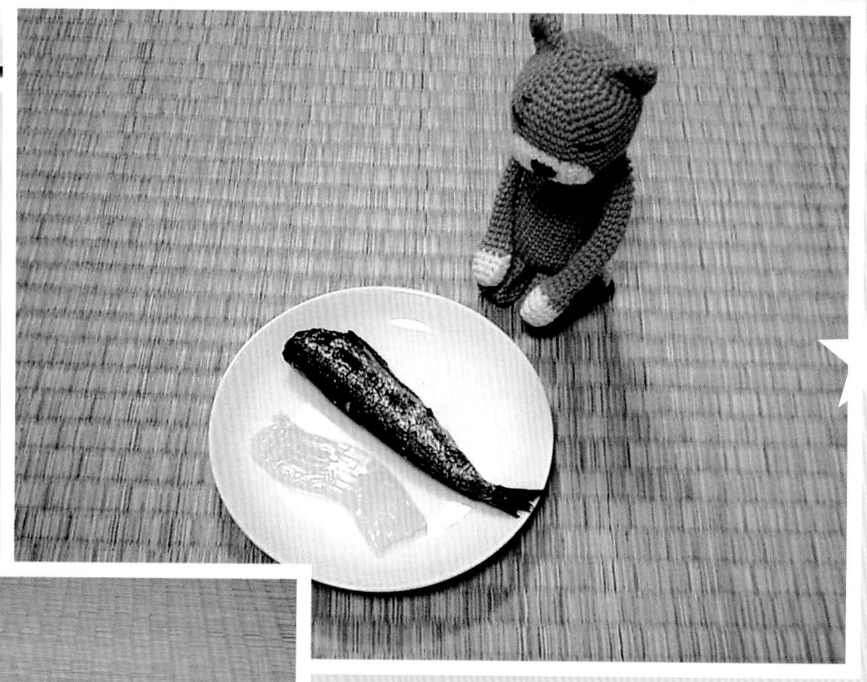

美度（内心）："但又不能不吃……"

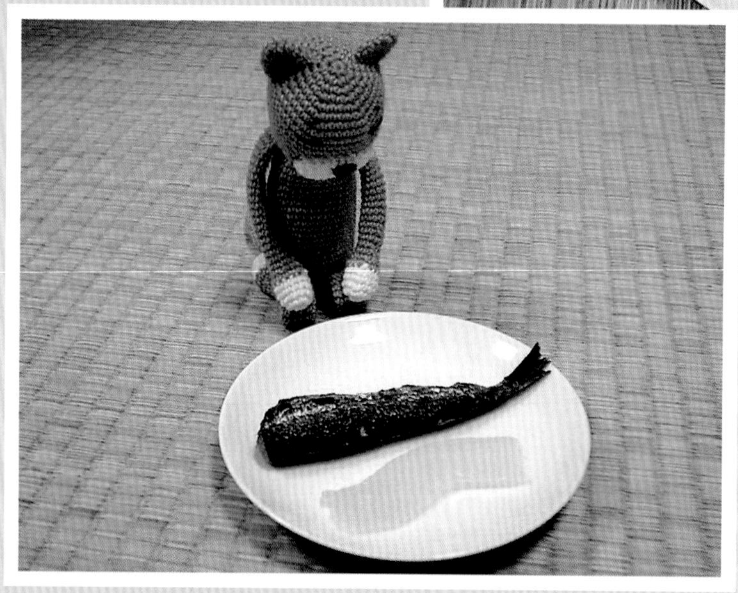

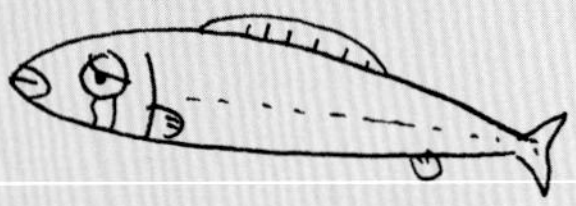

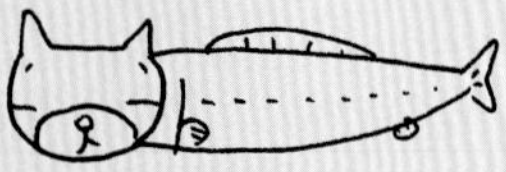

美度（内心）："可这么多我哪能吃得了啊！"

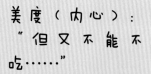

美度（内心）："稍微吃点主人就不会怪我了吧……"

美度（内心）："或者到角落里偷偷把它放到口袋里……可是如果被发现的话……"（矛盾犹豫）

踌躇时间太久，腿都麻了！

主人："……咦，你不喜欢沙丁鱼和墨鱼吗？"
美度："是、是的，对不起啊（泪）！"

太像了

佳仔："其他人都没觉得它们很像吗……"

真的耶，完全是一样的嘛！

一模一样。
佳仔："是吧、是吧，还有呢，还有呢……"

看，这个怎么样？
佳仔："这……这个，不能这样啦！"

橘子

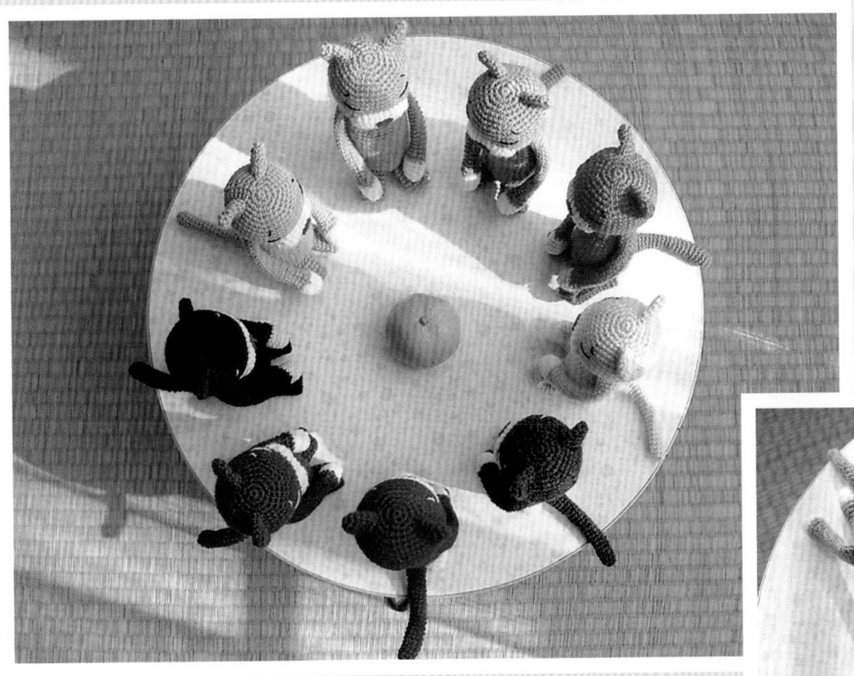

小橙："只有一个橘子啊！"

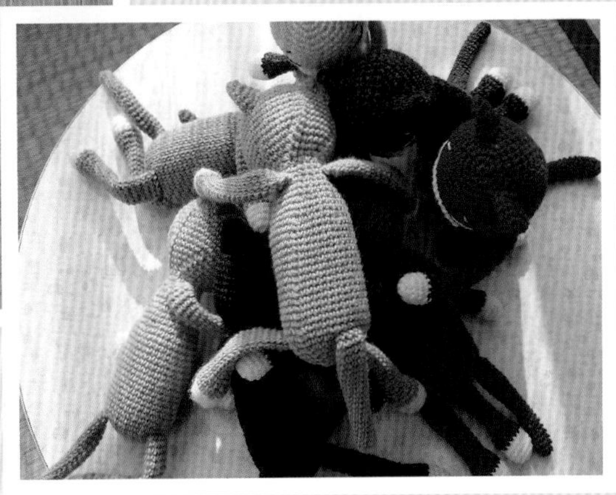

小橙："谁先抢到就是谁的！"

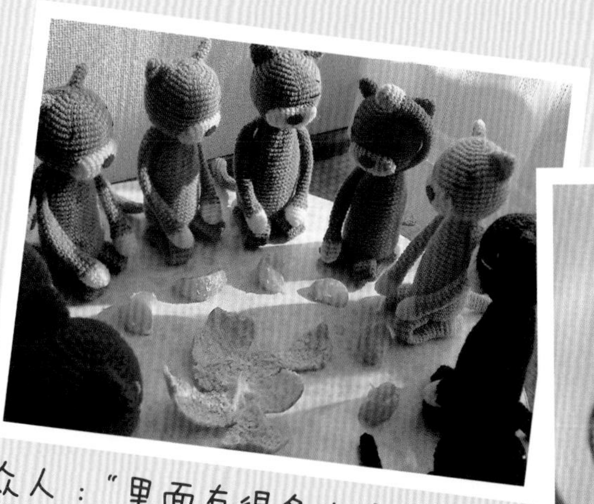

众人："里面有很多的嘛！"
小橙："对、对哦……"

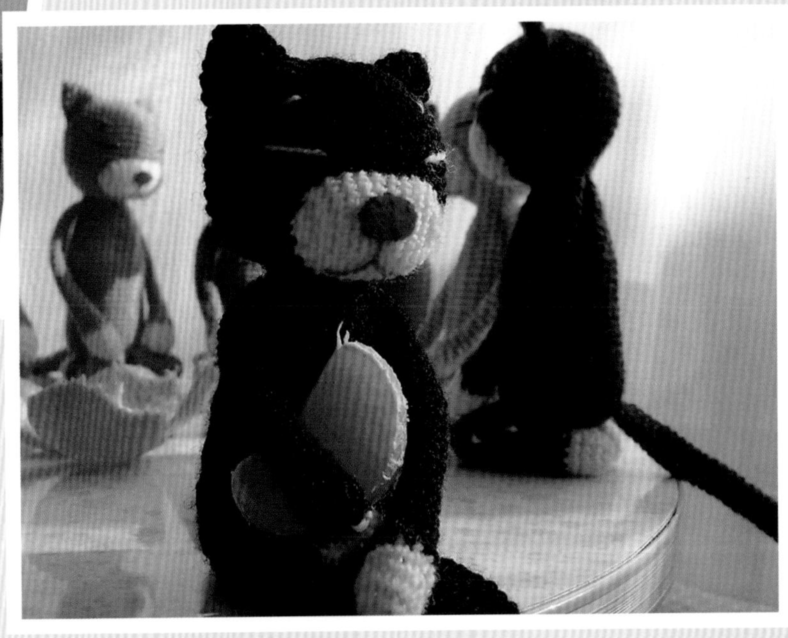

佳仔："还有我的份哦！"

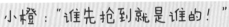

假日

小蓝："休假的日子最好啦，今天去哪儿呢？"

小蓝："好舒服……"

小蓝："咕咕、哝哝……呵呵呵！"

柯太："天啊！你真的睡了一天啊！"

午睡

上午11点。
我想午睡一下，可有人已经先到了。

午后2点。
还在睡。猫咪可真是悠闲啊。

美度："吃完饭了，起床啦！"
哈奇："什么？已经晚上啦？可我还是不想起啊……下周再叫我吧！"

打盹儿

玩着玩着就睡着了，一睡就到午夜。

已经早上的哦！

“滴滴滴滴滴……” 闹铃响了。
两只：“讨厌的闹铃……”

这两个家伙，又昏睡过去了！

不速之客

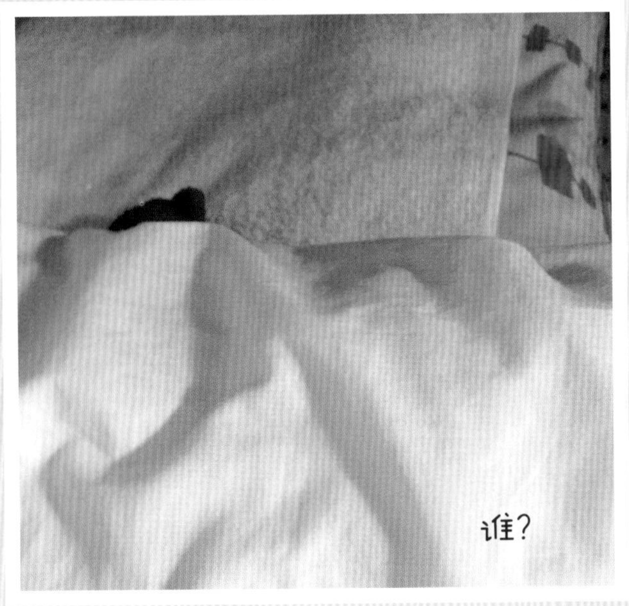
谁?

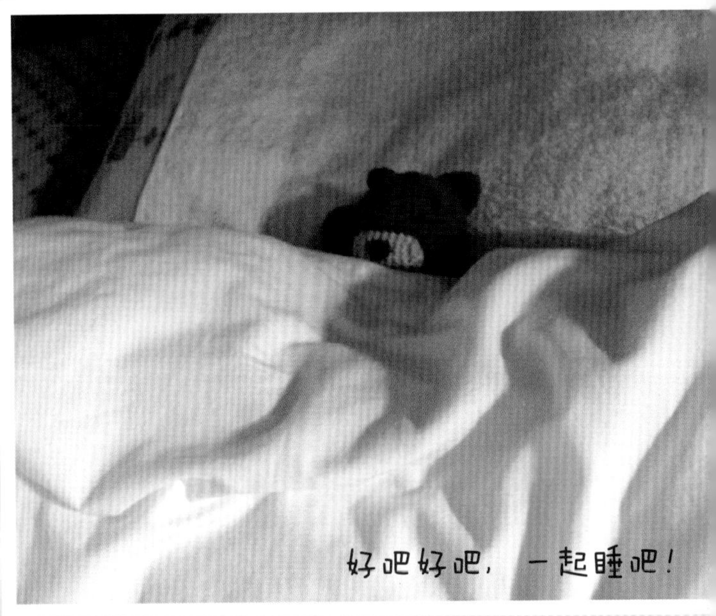
好吧好吧，一起睡吧！

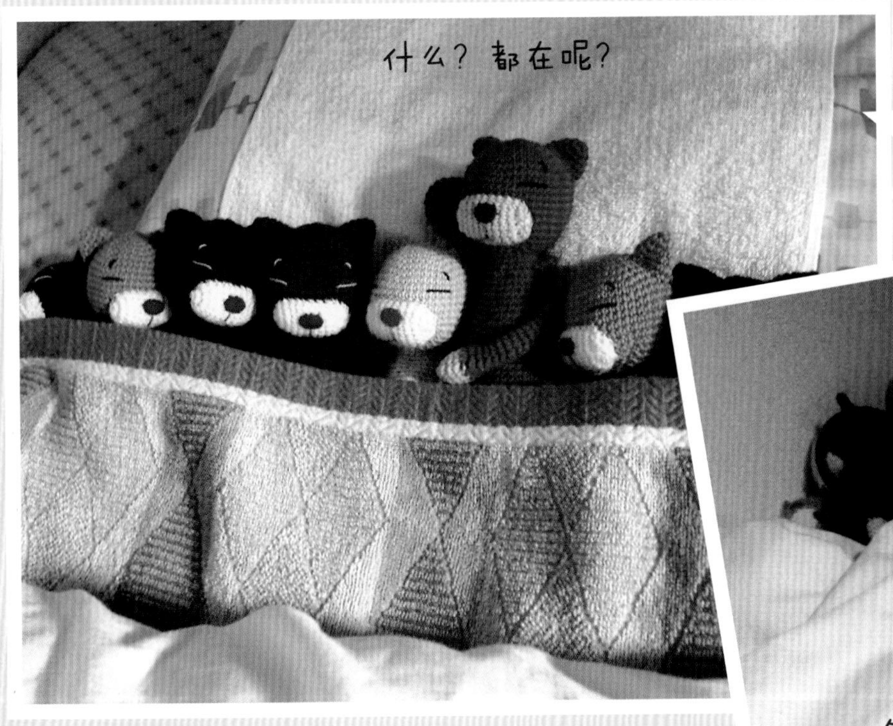
什么？都在呢?

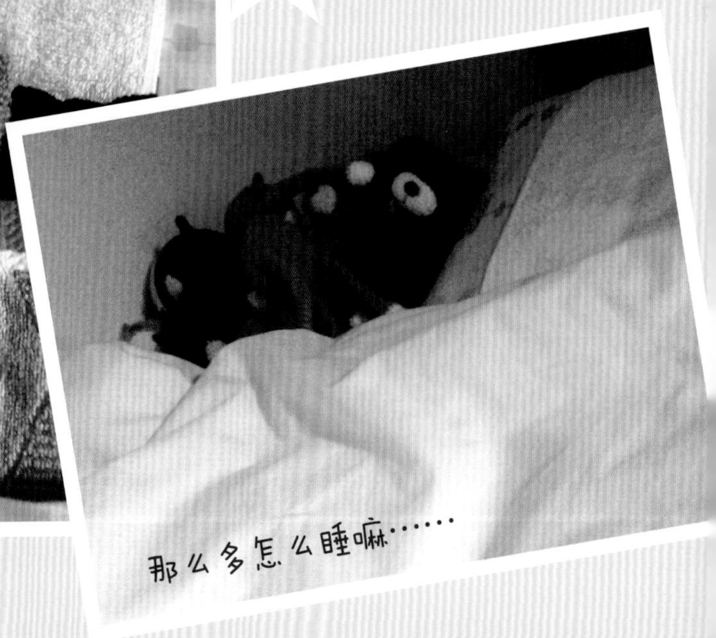
那么多怎么睡嘛……

玩偶猫的习性2

瞌睡大王

睡得随心所欲

滚来滚去

有点冷啊，
蜷起来

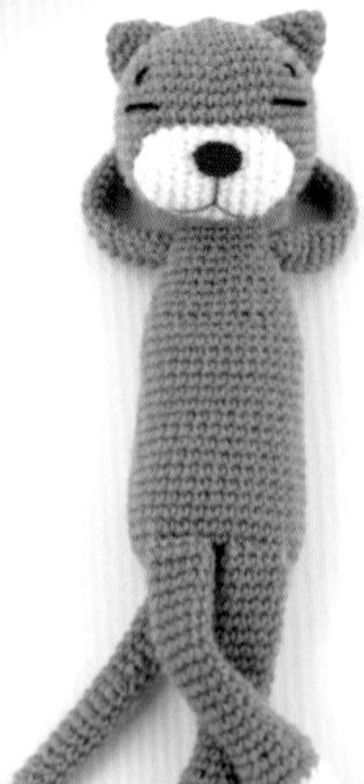

仰视蓝天睡

边哭边睡

这睡相实在是太差了

搂着好朋友一起睡

我原本觉得它们几个感情好才睡一块儿

都成这样啦

还有这个样子的

井字形睡姿

是谁在搞恶作剧

钻被窝的方法

玩偶猫要
枕枕头睡觉时

只要将枕头稍微整理凹陷一点点就行。

这样它就能睡出一幅无忧无虑的样子。

当然，睡大枕头的时候也是如此。

喂喂，太阳都晒到屁屁啦！

失眠了

小绿："心里有事，睡不着啊……"

小绿："那家伙到底去哪了啊……"

小绿："我怎么到这儿来了啊？"

睡踏实了。

鱼枕头

先睡到纸上。

画一条大小刚好的鱼。

再以它为原型，制作图纸，叠合成枕头。

哇，这是之前画的枕头哎！

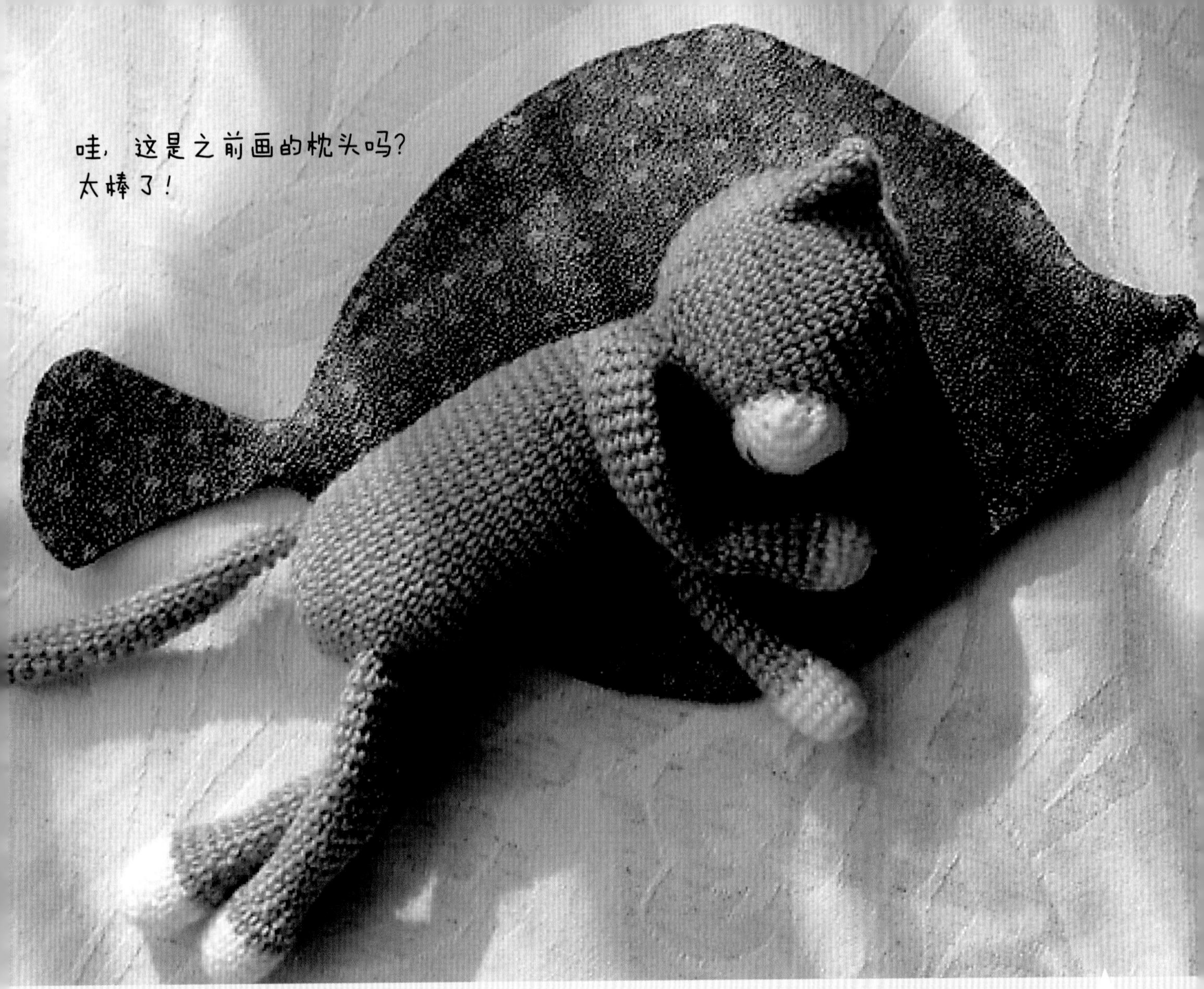
哇，这是之前画的枕头吗？
太棒了！

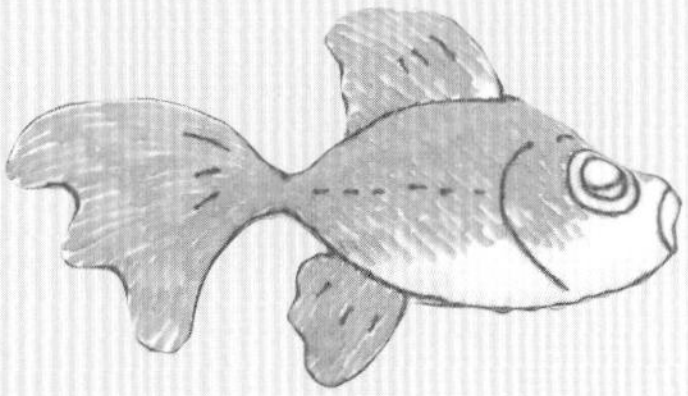

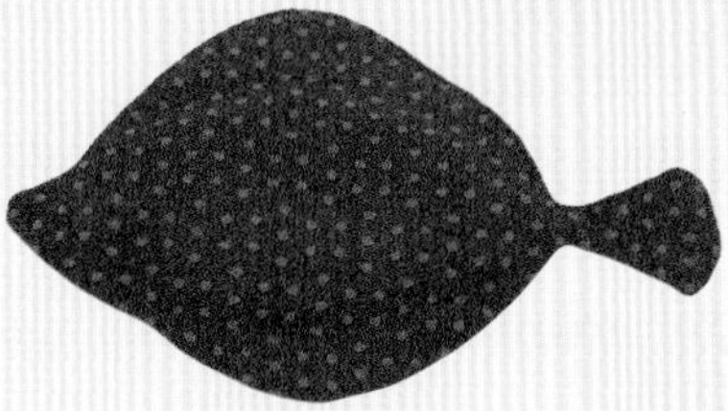

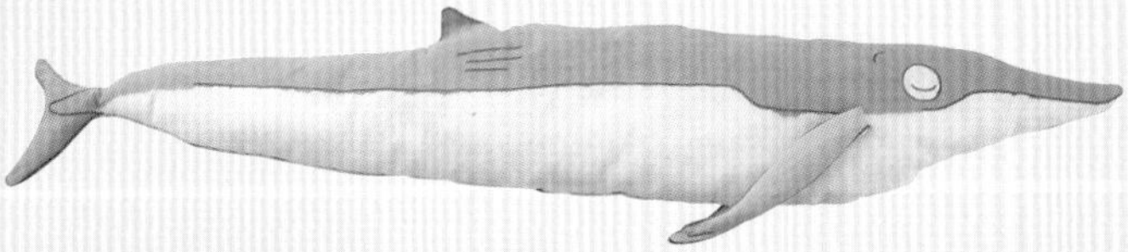

棉被与小鱼枕头的制作方法见第88、89页。

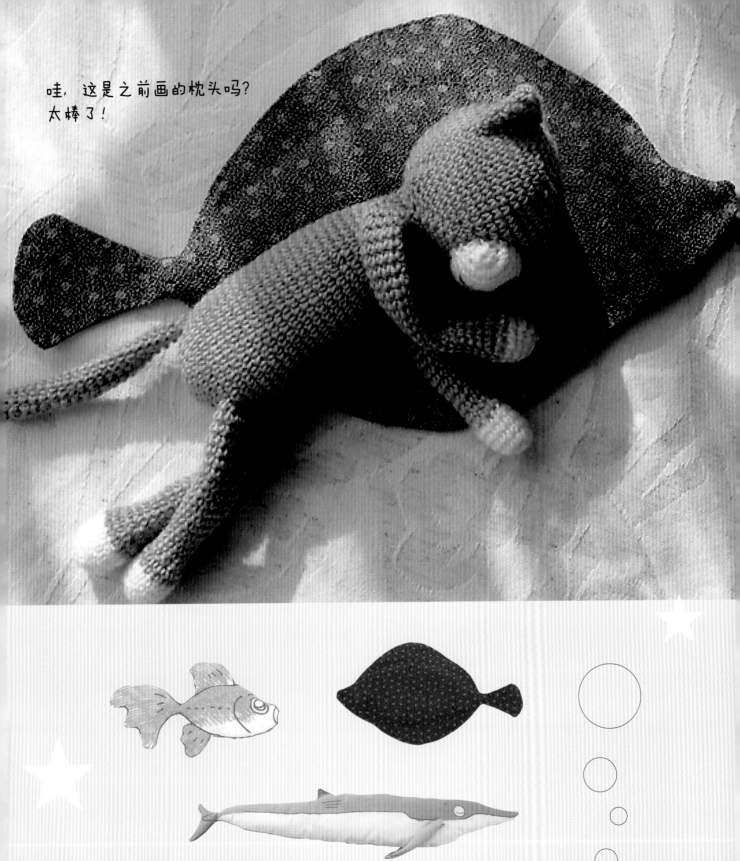

晒太阳

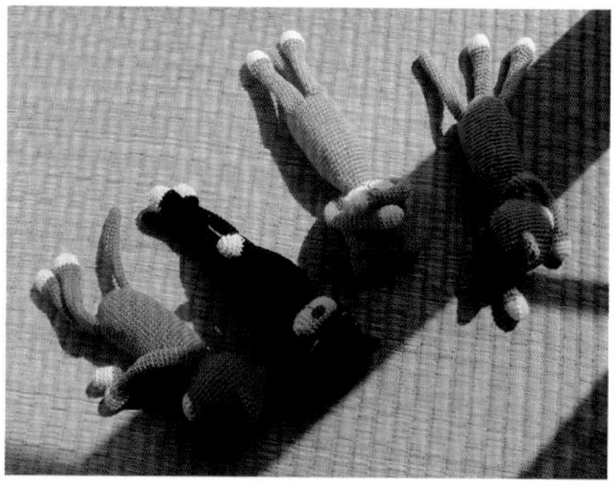

睡在那儿会晒到太阳哦！

小紫：“那遮着点会不会变白？”

小白：“我大概会变成黑猫吧！”

小黑：“原来猫咪的额头那么窄的呀！”

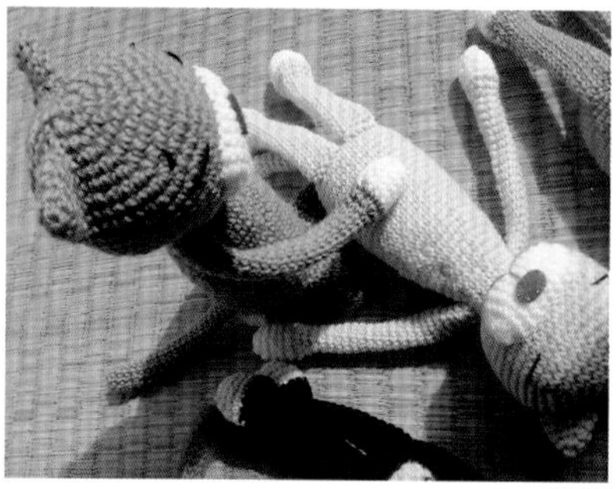

小绿：“肚皮上晒出个手印吧！”

小灰：“真搞不懂啦，乱七八糟的。”

小茶：“腿上也晒出个手印。”

列队！

体操动作1

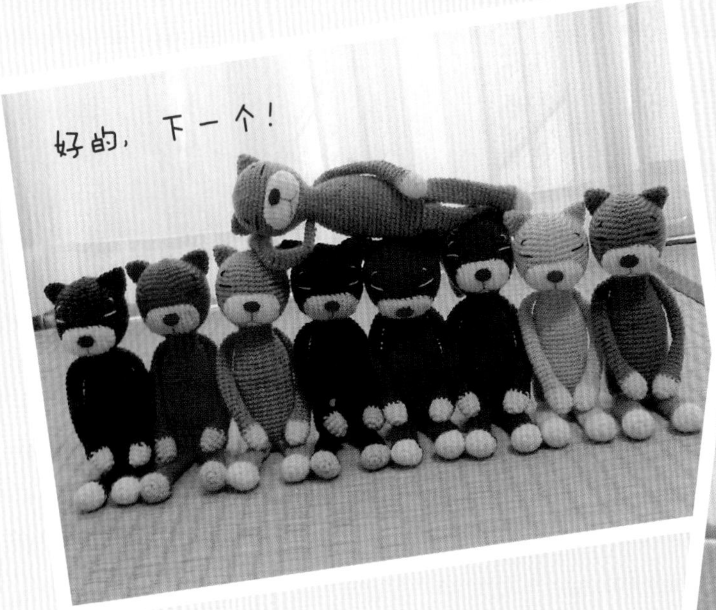
好的，下一个！

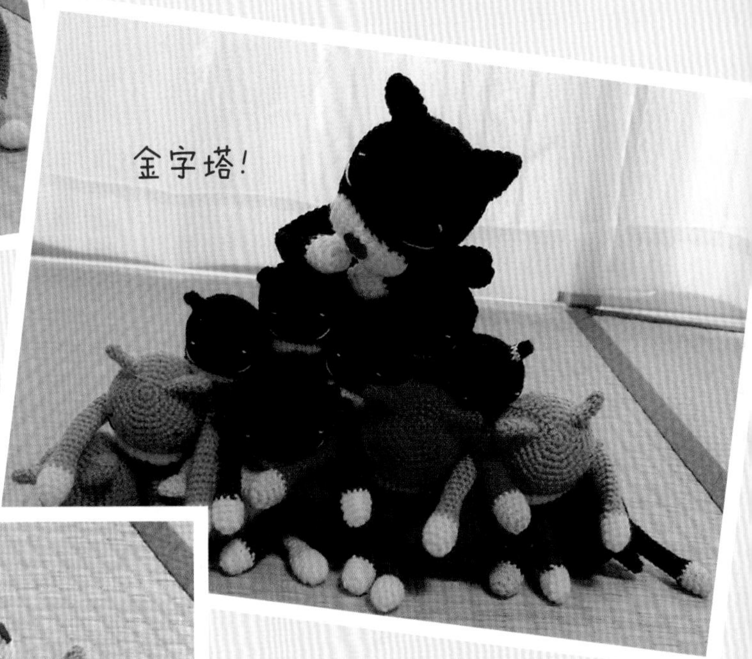
金字塔！

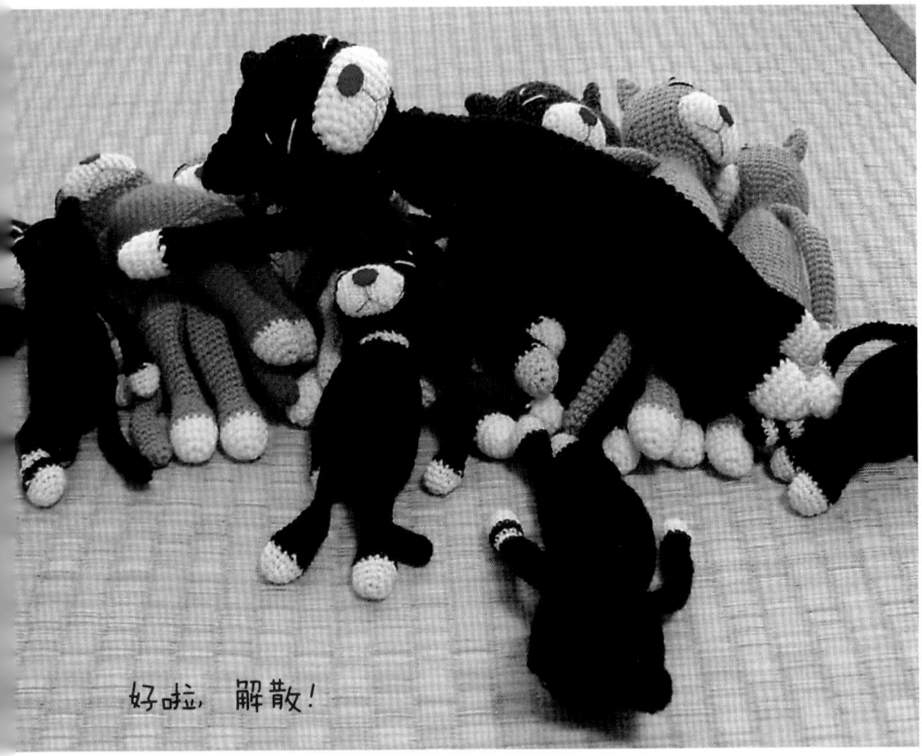
好啦，解散！

体操动作2

体操动作，预备！

好！

“喵呜！不好意思啊，踩到你的头了……”

衣服

玩偶猫一般都光着身子

穿连衣裙时要套上打底短裤。

游泳时会穿上泳裤。
小蓝："放水啊，水！"

小蓝："果然，还是害怕啊……"
喂，这不是游泳池好不好……

衣服的制作方法见第90页

吃西瓜时
要穿的衣服

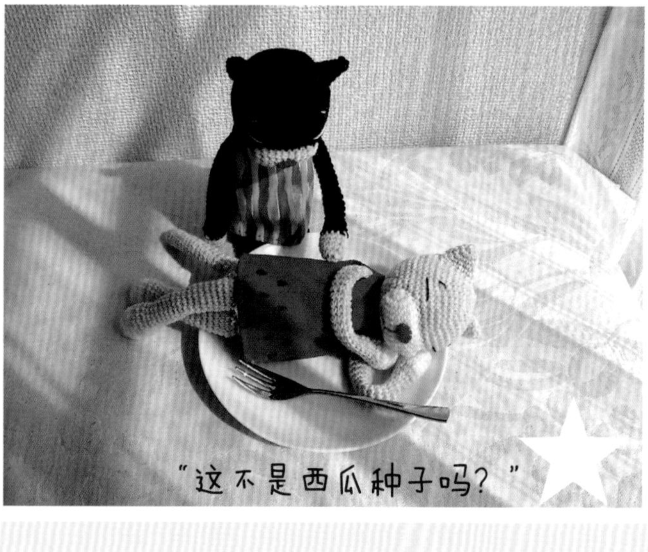

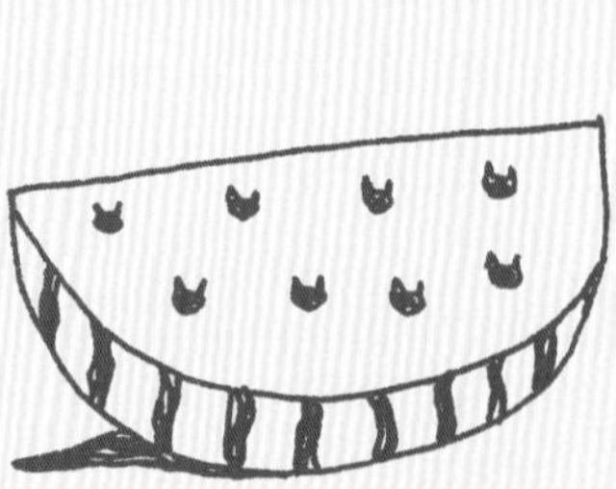

最爱口袋

哎呀！

这个地方有口袋耶。
柯太："哈哈，我要钻到肚子里看看！"

最爱口袋了！

蚕宝宝睡袋

玩偶猫特制睡袋

小蓝："主人给我做了这个哎……"
其他："这个好好玩啊！"

小紫："这个是不是午睡的新方法啊？"
小白："总觉得有点别扭啊……"

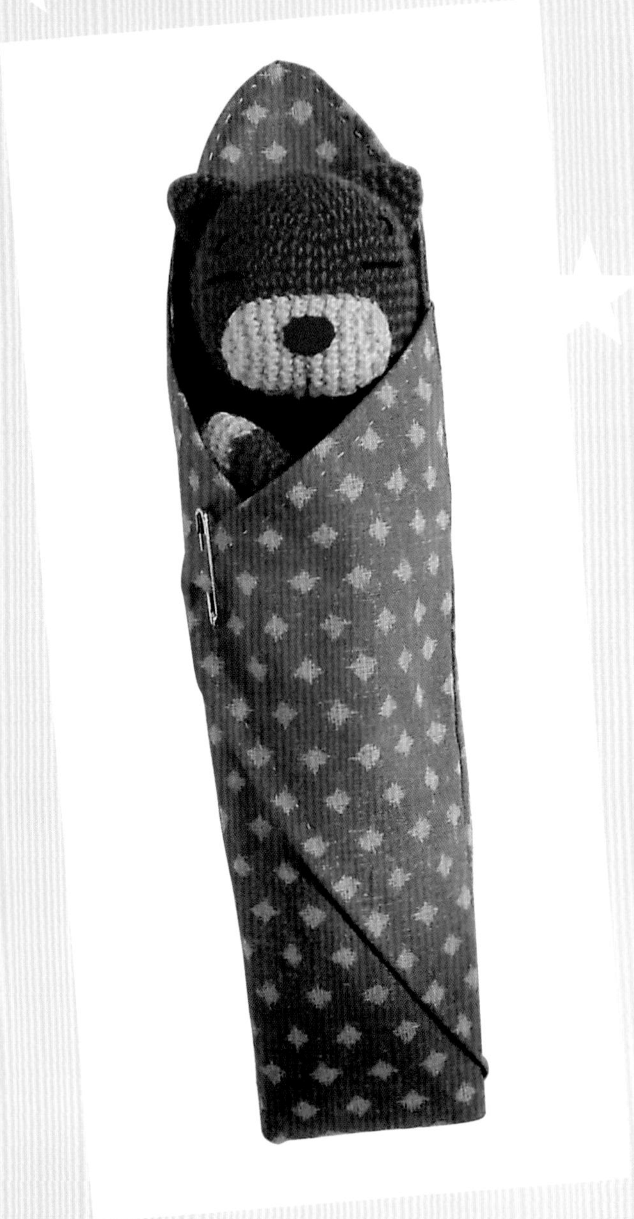

制作方法见第91页

客人

众人："听说今天有客人来呀！"

众人："小灰那家伙怎么紧张成这个样子！"

小灰："心跳好厉害啊……"

小灰："欢迎欢迎！！"

招待客人

正在练习给客人上凉茶和点心的黑介。

黑介："莫名地开心啊……"

黑介："这杯茶看起来也蛮好喝的哦，冰冰凉凉的……"

（玩着玩着又睡过去的黑介）

客人："呵呵，这只猫咪是给我上的点心吗？"

望天

平躺

小粉："好不容易出来玩，却忘记带便当了。"

小粉："没办法啦，干点别的吧！"

小粉："算啦，我们大家一起躺下来看天空吧！"

柯太："望天？"

小粉："怎么样，心情有没有好点？"

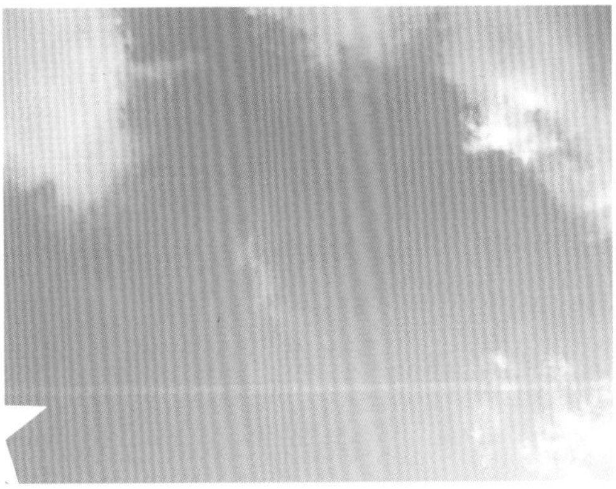

各自陶醉

你在那儿看什么呢？

小粉："夕阳！"

你又在那儿看什么呢？

小橙："还是夕阳……"

被骂了……

玩偶猫的习性 3

玩偶猫也会沮丧消沉

小家伙如此失落，坐到它身旁安慰一下吧！

无精打采

闷闷不乐

哭泣

心情低落

呆呆地看着地上的蚂蚁

角落

咦？那尾巴……

果然是你。

不要躲在那里啦，快出来！

我已经不生气了。

小蓝喜欢独处

小蓝爱一个人待着。

所以……

小白喜欢小蓝。

小蓝小白一起待着的感觉最好！

爬到高处看远方的感觉真棒啊！

玩偶猫诞生记

加夜班。

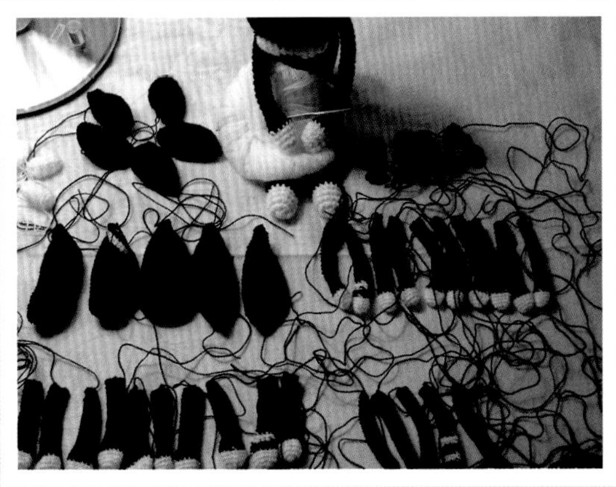

加夜班中，正在忙着制作弟弟克鲁丘。

加夜班中，

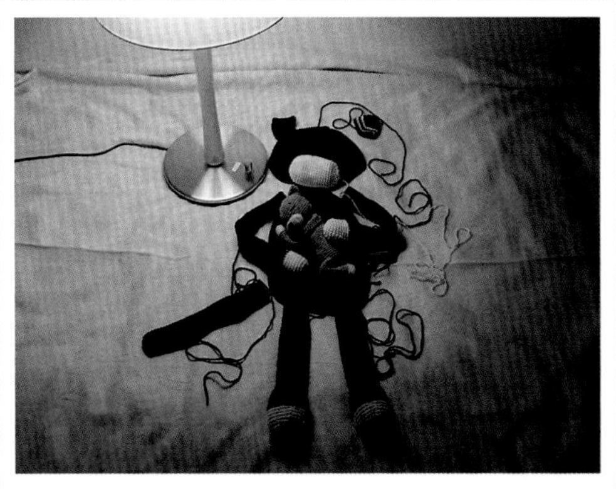

小蓝的弟弟个头好大！

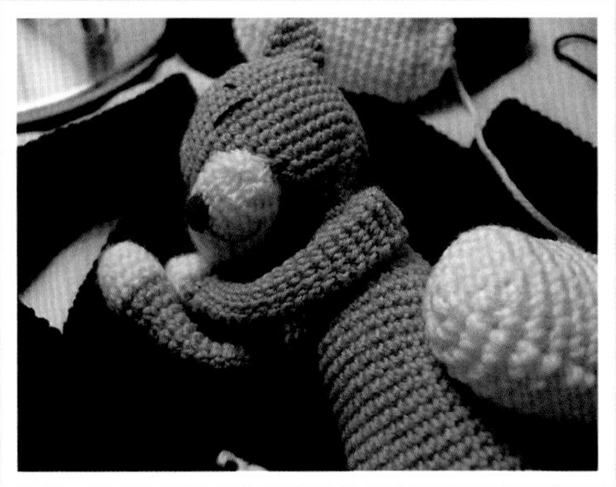

完成啦！

集会

众人："好像还有谁没来哦！"

小蓝："个头最大的那个家伙。"

小蓝："啊！什么时候来的？"

各位的集会还真是好随意啊！

还早呢

小橙："我的弟弟什么时候能做好啊？"

还早着呢！

小橙："我就看看，不会说话的。"

小橙："还没好啊……"

用不同的毛线钩织

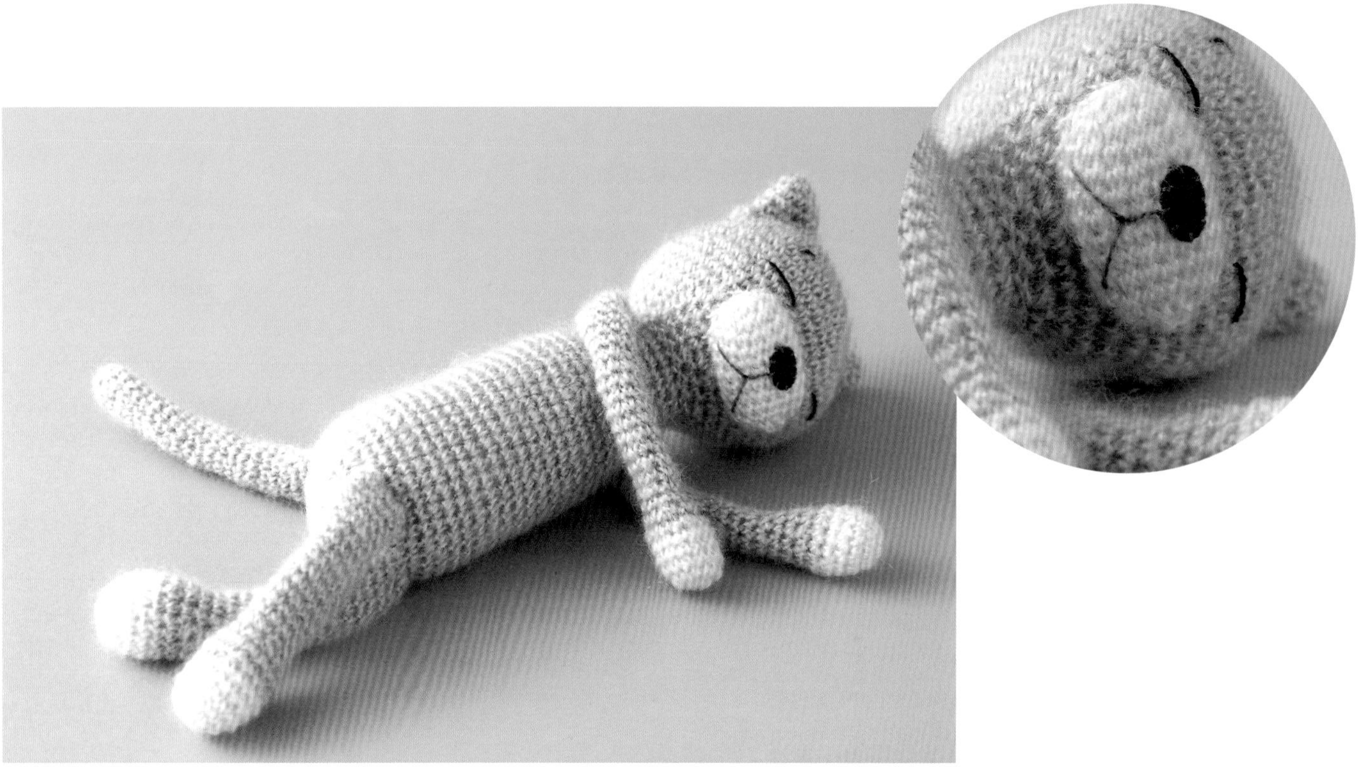

用轻柔的马海毛和线圈多变的毛线钩织吧！多变的织片能制作出各种可爱漂亮的玩偶猫哦！如果习惯圈圈线的话可以大胆尝试，但钩织的针脚比较难辨识，而且猫咪的表情看起来好像在哭泣一般……

相貌各异的伙伴们

在钩织中途变换毛线的颜色，制作出不同斑纹的猫咪。
而且面部的表情也可以是丰富多变的哦！
让我们随心所欲地设计制作出
更多的猫咪。

变换颜色、行数请参见第87页。

不要随便玩弄毛线啦

哎呀，这是什么啊？

哎呀，这又是什么啊？

潜水镜吧？

眼镜？

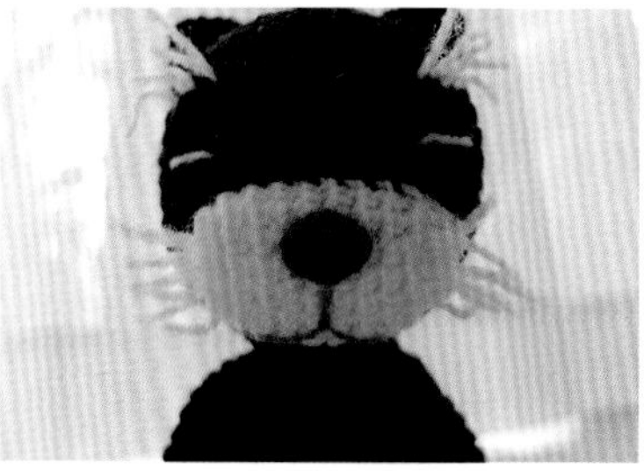

才不是呢，是胡须！

太阳镜？

不要那么吃惊嘛……

这难道不是刘海吗？

送外卖的荞麦面店老板！

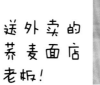

毛线的粗细决定尺寸的大小

毛线的粗细度会影响到猫咪尺寸的大小。即便钩织图相同，用细线钩织的猫咪也会小一些，而用粗毛线钩织的猫咪通常都会偏大。

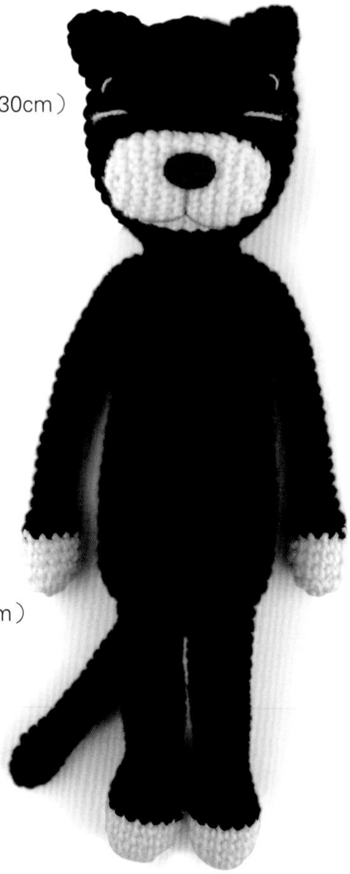

偏粗（30cm）

中细（27cm）

偏细（23cm）

对于初学者和刚刚入门者来说，用稍微粗一点的线更会容易钩织。虽然我自己多用偏细毛线，但建议大家按照钩织方法且依次用“偏粗”“普通粗”“极粗”毛线钩织。针脚清晰、钩织方便、进展顺利的话才更有成就感。即便毛线的粗细度相同，倘若变换钩针的话，成品的尺寸也会不一样。

极细（17cm）

用极细线和小号钩针钩织而成的猫咪，只有手掌大小哦！

钩织方法图

用短针钩织。详细的钩织方法和制作方法请参照第 74、75、94、95 页。正面的起针方法采用线圈圆环起针。“○次、加（减）针 1 次”表示钩织完○次短针后再进行一次加（减）针，如此重复。加针为“短针 1 针分 2 针”，减针为“短针 2 针并 1 针”，无加减针为“全部用普通的短针钩织”。

耳朵（2 块）

行数	针数	备注
1	4	起针后钩织 4 针短针
2	8	加针 4 次
3	10	3 次，加针 1 次
4	12	4 次，加针 1 次
5	14	5 次，加针 1 次

头部（1 块）

行数	针数	备注
1	6	起针后钩织 6 针短针
2	12	加针 6 次
3	18	1 次，加针 1 次
4	24	2 次，加针 1 次
5	30	3 次，加针 1 次
6	36	4 次，加针 1 次
7	42	5 次，加针 1 次
8	48	6 次，加针 1 次
9~15	48	无加减针
16	42	6 次，减针 1 次
17	36	5 次，减针 1 次
18	30	4 次，减针 1 次
19	24	3 次，减针 1 次
20	18	2 次，减针 1 次
31	18	无加减针
32	18	无加减针

嘴巴的部分（1 块）

行数	针数	备注
1	7	起针后钩织 7 针短针
2	14	加针 7 次
3~10	14	无加减针钩织至第 10 行。钩织完第 10 行后塞入填充棉
11	4	3 针并 1 针、4 针并 1 针
4 针并 1 针、3 针并 1 针	14	5 次，加针 1 次

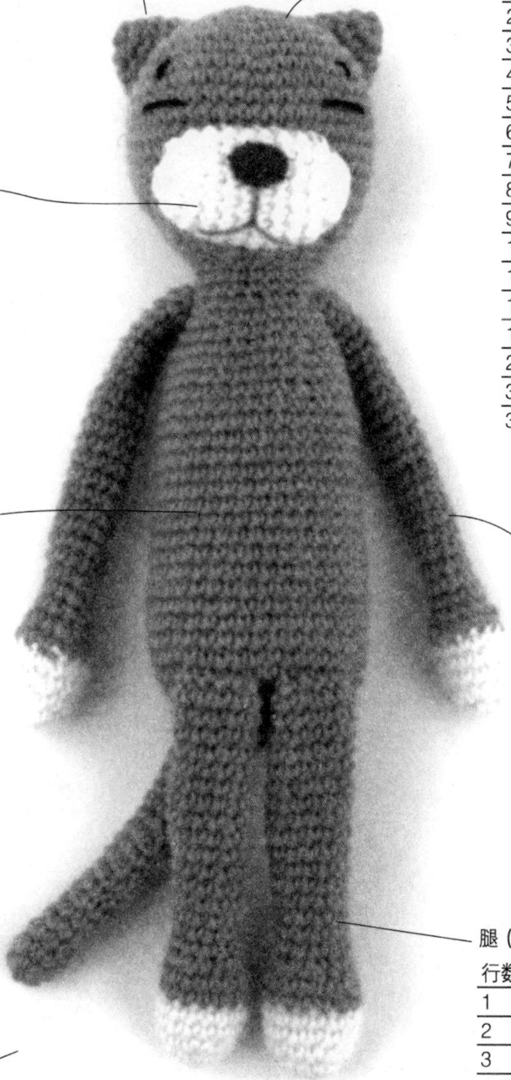

躯干（1 块）

行数	针数	备注
1	6	起针后钩织 6 针短针
2	12	加针 6 次
3	18	1 次，加针 1 次
4	24	2 次，加针 1 次
5	30	3 次，加针 1 次
6	36	4 次，加针 1 次
7~23	36	无加减针
24	30	4 次，减针 1 次
25	30	无加减针
26	30	无加减针
27	24	3 次，减针 1 次
28	24	无加减针
29	24	无加减针
30	18	2 次，减针 1 次
31	18	无加减针
32	18	无加减针

手（2 块）

行数	针数	备注
1	6	起针后钩织 6 针短针
2	12	加针 4 次
3~6	12	无加减针
7	8	1 次，减针 1 次
8~28	8	无加减针

※ 钩织完 5 行后变换毛线的颜色。

腿（2 块）

行数	针数	备注
1	6	起针后钩织 4 针短针
2	12	加针 6 次
3	15	3 次，加针 1 次
4~7	15	无加减针
8	10	1 次，减针 1 次
9~24	10	无加减针

※ 钩织完 5 行后变换毛线的颜色。

尾巴（1 块）

行数	针数	备注
1	6	起针后钩织 6 针短针
2	8	2 次，加针 1 次
3~22	8	无加减针

一起来钩织吧

用短针一圈一圈钩织。首先从头部开始，然后依次是躯干、手、腿、耳朵、嘴巴的部分。钩织时手的力道、填充棉的塞入方法都会影响到成品的样子，请根据个人的喜好选择。

钩织各部分

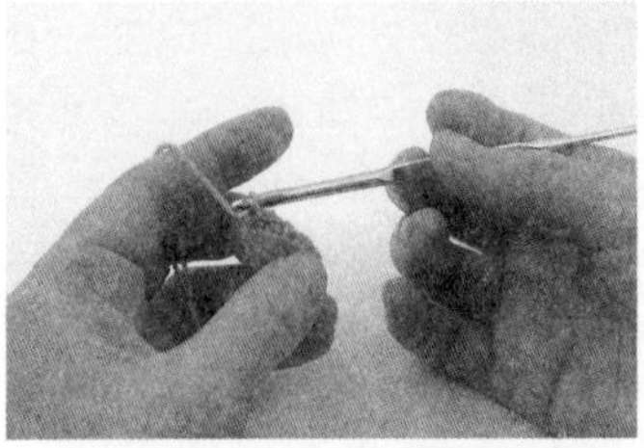

1. 制作圆环，第1行钩织出相应的短针。

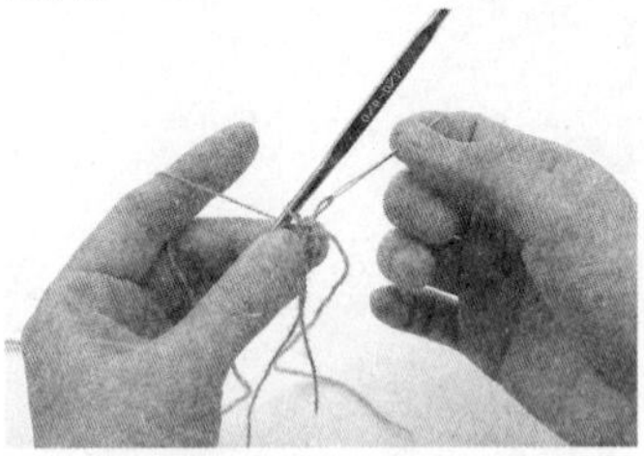

2. 将毛线穿入缝纫针中，留作印记，便于数行数。

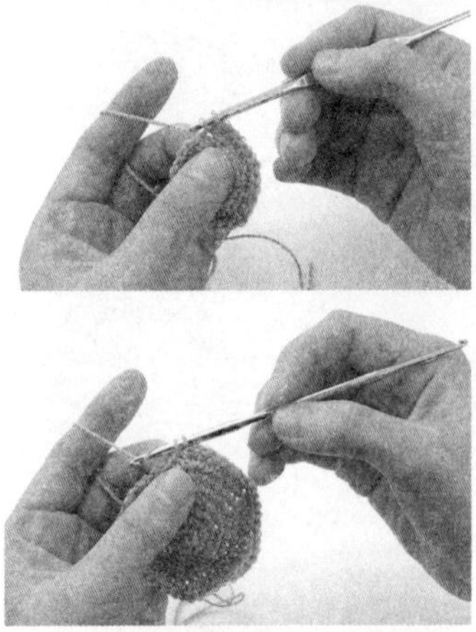

3. 加针的同时继续一圈一圈钩织。

4. 加针完成后再进行减针。

填充身体

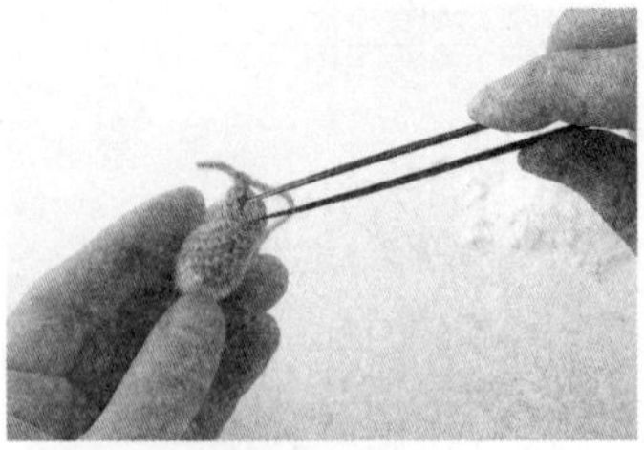

5. 钩织完头部和躯干后，从手的第6行开始变换颜色钩织。手部比较纤细，因此在中途就要将小珠珠加入手部顶端蓬松的部分。

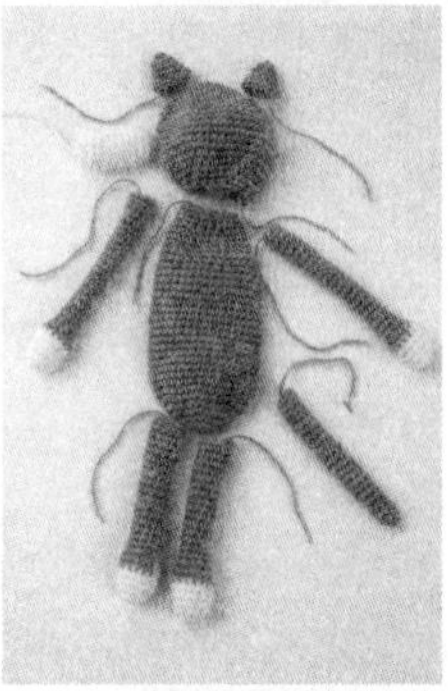

6. 所有部分钩织完成如图。

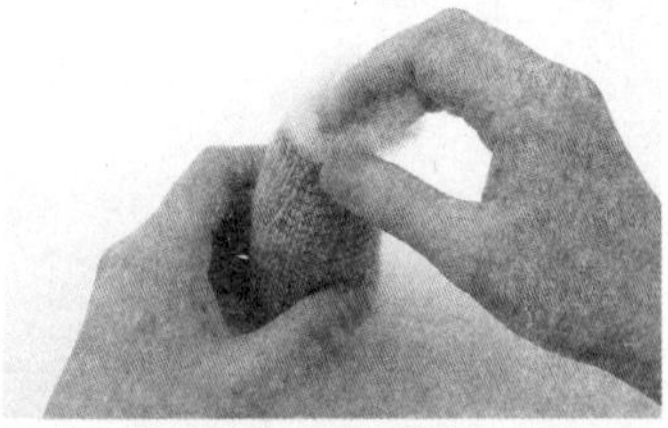

7. 躯干顶端加入三分之一的小珠珠后再塞入填充棉。手部和腿部都加入小珠珠（手部和腿部不用塞入填充棉）。头、嘴巴部分只塞入填充棉，尾巴则无需加入小珠珠或填充棉。

填充棉太少
塞入的填充棉太少的话，头部和腹部会略显扁平，没有形状。

●塞入填充棉后要使外形漂亮，既要轻柔，还要突出几分无力感。

填充棉太足
塞入的填充棉过多的话，整个身姿会显得僵硬，身体没办法自然弯曲。

暂时固定

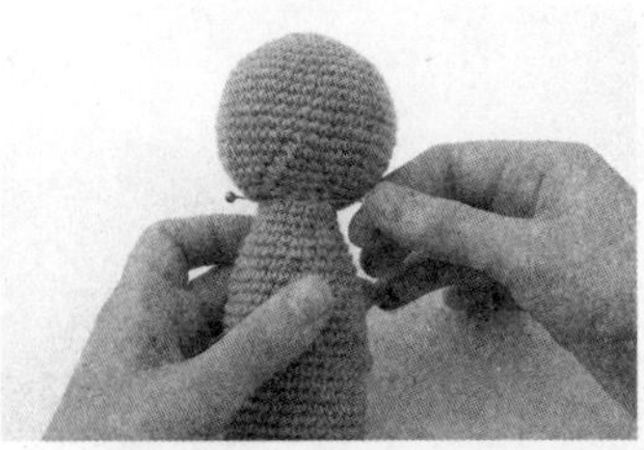

8. 用绷针暂时将头部和躯干固定，注意整体平衡。

9. 所有部分用绷针暂时固定。腿和尾巴部分不能影响到坐姿，手部稍微偏后一点，拼接到躯干上钩织终点的前一行处。

加入面部表情

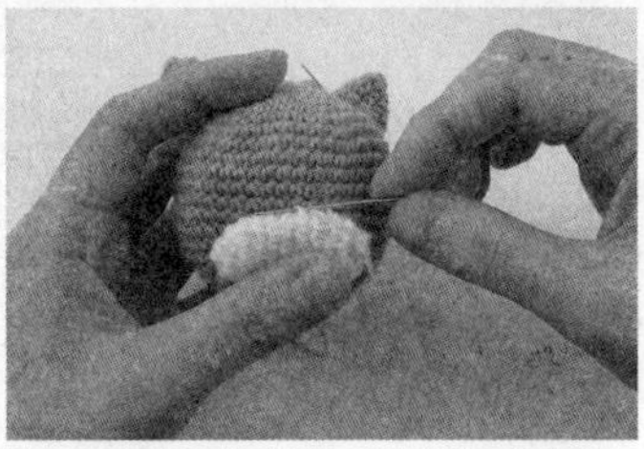

10. 用缝纫针将耳朵拼接到头部（我习惯稍微偏后一些），再缝好嘴巴部分。

11. 用毛毡嵌花绣出鼻子，再用刺绣线或毛线绣出嘴巴、眼睛、眉毛。刺绣线打结后将针插入头部的填充棉中，再从脸部穿出。刺绣完成后从填充棉中穿出，打结后剪断线。

组合

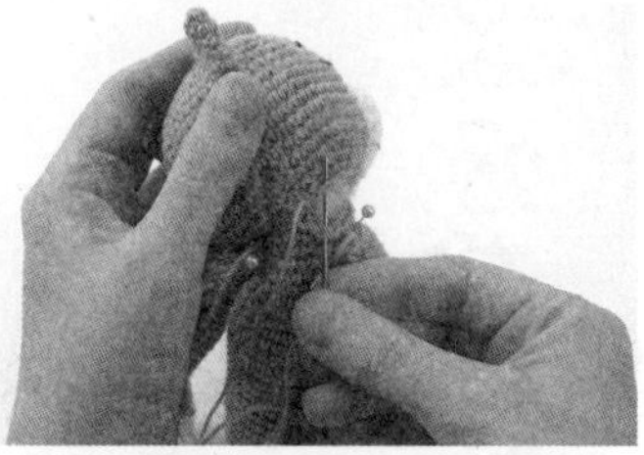

12. 用缝纫针将头部和躯干缝合。头部与躯干缝合终点处的针数一样，因此可以一针一针纵向缝合。

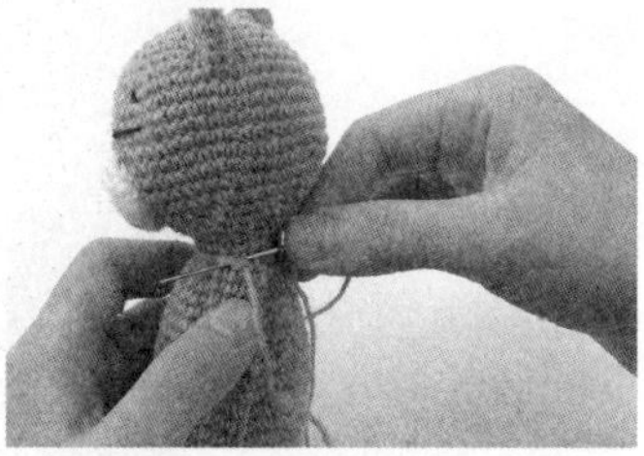

13. 拼接手。再按同样的方法拼接腿、尾巴。

给它取个可爱的名字，完成！拍张照留做纪念，好好照顾它吧！

准备好了，摆好姿势哦……

玩偶猫的纪念照

全体集合

生活小插曲

柯泰奇

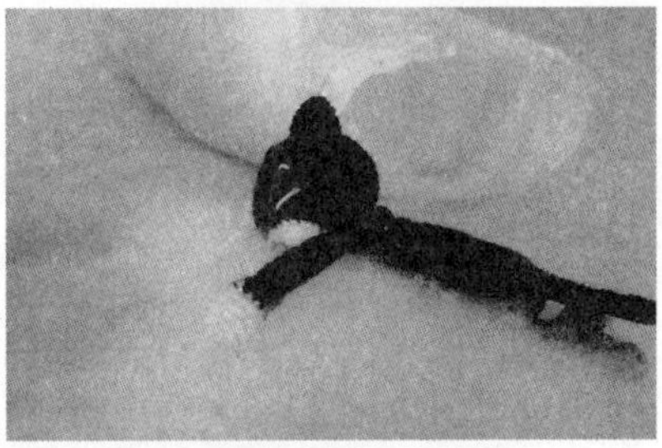

柯泰奇超爱填充棉。

柯泰奇："哇……"

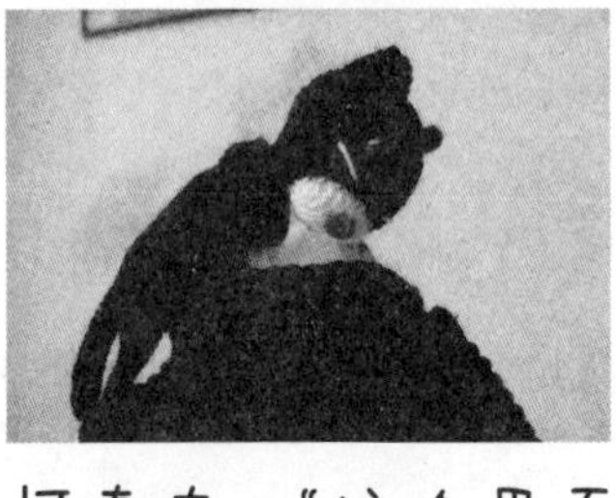

柯泰奇："这个里面也有很多填充棉哦！"

柯泰奇："好棒啊，好想进去看看啊……"

几小时后

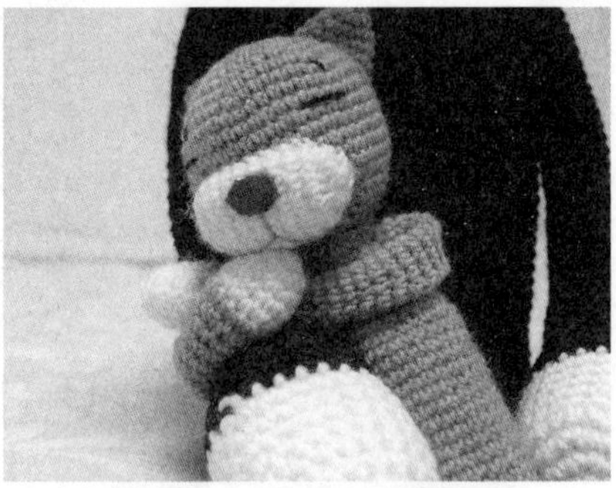

大个弟弟终于做好了，小蓝沉浸在一片幸福中。可是……

小蓝："对了，想起来了……"

小蓝："刚才在那边玩的柯泰奇哪里去了啊？"

小蓝："奇怪啦……"

小蓝："你知道柯泰奇去哪儿了吗？"

小蓝："莫非……困在里面出不来啦？"

不好啦！

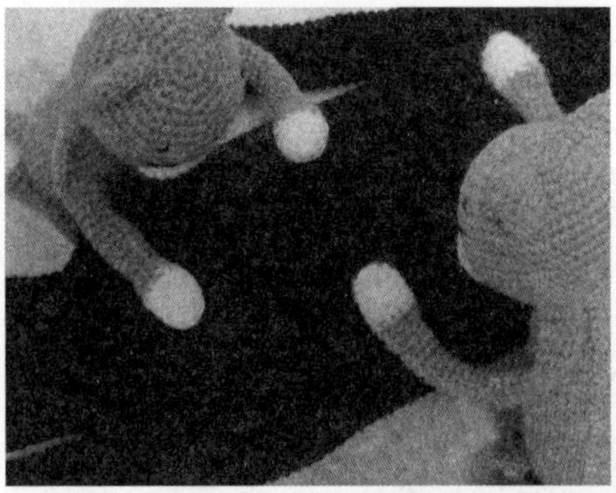

小蓝："喂……你没事吧！回答呀！！"

小绿："听见没有啊，柯泰奇！"

柯泰奇："惨……惨了，偷玩棉花的事被发现了，它们肯定很生气，怎么办啊？"

小蓝："柯泰奇……柯泰奇……"

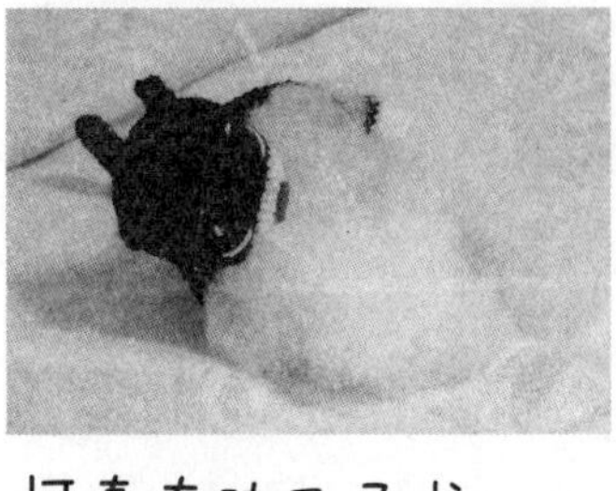

柯泰奇动不了啦……

电车

小蓝："今天又来看啦！"

小蓝："电车怎么还不来啊……啊！来了！"

小蓝："电车耶！好快啊、好快啊！！"

小蓝："哇，其他电车也来了耶，呜哇，好棒……"

第二天，坐在车站椅子上的小蓝。

扶手滑梯

柯太："呀……吼……"

落地失败。

柯太："吓死我啦，速度好快！！"

休息一会儿

哎呀！

太窄了，坐不下啊！

坐这边来吧，宽一点。

散步

快跑

哎呀……

怎么又倒了！

玩偶猫的百面相

眉毛在眼角附近

近距离　普通距离　远距离

眼睛偏上

眼睛居中

眼睛偏下

干瞪眼

我们来玩干瞪眼吧，准备好喽……

谁笑谁就输了哦，开始！

眼睛与眉毛位置的变化能让玩偶猫的表情更丰富多样。试着多做出几种表情吧，非常有意思呢！

眉毛在眼角附近

近距离　　普通距离　　远距离

谁笑谁就输？我才不笑呢，不笑、不笑……

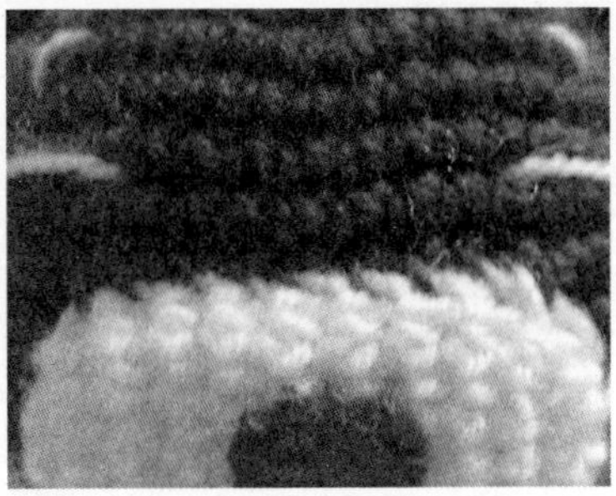

小蓝："哇！哈哈……不行了，我认输！"

钩织图扩大两倍后再钩织

身高是普通玩偶猫两倍的大尺寸猫咪，刚好适合小朋友抱在胸前。横放着坐好时就像小朋友的兄弟一样！

制作方法与普通尺寸的玩偶猫相同，但毛线量是普通尺寸的4倍。用粗毛线钩织的话，会更大些。数针数时比较麻烦，建议每行都做出印记。由于体型较大，钩织得再紧密也能摆出各种姿势，塞填充棉时也可以塞得密实一些。手、腿部适量塞入填充棉，不扁平即可。塞入的物体没有小珠珠那么重，不会引起织片变形，请放心。

正面的起针方法采用线圈圆环起针。“○次、加（减）针1次”表示钩织完○次短针后再进行一次加（减）针，如此重复。加针为“短针1针分2针”，减针为“短针2针并1针”，无加减针为“全部用普通的短针钩织”。

手（2块）

行数	针数	备注
1	6	起针后钩织6针短针
2	12	加针6次
3	18	1次，加针1次
4	24	2次，加针1次
5~13	24	无加减针
14	16	1次，加针1次
15~56	16	无加减针

※ 钩织完10行后变换毛线的颜色。

腿（2块）

行数	针数	备注
1	6	起针后钩织6针短针
2	12	加针6次
3	18	1次，加针1次
4	24	2次，加针1次
5	27	7次，加针1针
6	30	8次，加针1次
7~15	30	无加减针
16	20	1次，减针1次
17~48	20	无加减针

※ 钩织完10行后变换毛线的颜色。

尾巴（1块）

行数	针数	备注
1	6	起针后钩织6针短针
2	12	加针6次
3	16	2次，加针1次
4~44	16	无加减针

嘴巴的部分（1块）

行数	针数	备注
1	7	起针后钩织7针短针
2	14	加针7次
3	21	1次，加针1次
4	28	2次，加针1次
5~19	28	无加减针
20	21	2次，减针1次

※ 先塞入填充棉。

21	14	1次，减针1次
22	4	3针并1针、4针并1针、4针并1针、3针并1针

躯干（1块）

行数	针数	备注
1	6	起针后钩织6针短针
2	12	加针6次
3	18	1次，加针1次
4	24	2次，加针1次
5	30	3次，加针1次
6	36	4次，加针1次
7	42	5次，加针1次
8	48	6次，加针1次
9	54	7次，加针1次
10	60	8次，加针1次
11	66	9次，加针1次
12	72	10次，加针1次
13~46	72	无加减针
47	66	10次，减针1次
48~49	66	无加减针
50	60	9次，减针1次
51~52	60	无加减针
53	54	8次，减针1次
54~55	54	无加减针
56	48	7次，减针1次
57~58	48	无加减针
59	42	6次，减针1次
60~61	42	无加减针
62	36	5次，减针1次
63~64	36	无加减针

耳朵（2块）

行数	针数	备注
1	4	起针后钩织4针短针
2	8	加针4次
3	12	1次，加针1次
4	16	2次，加针1次
5	18	7次，加针1次
6	20	8次，加针1次
7	22	9次，加针1次
8	24	10次，加针1次
9	26	11次，加针1次
10	28	12次，加针1次

※ 左页的玩偶猫其中一只耳朵的第7行和8行变换毛线的颜色后再钩织。

头部（1块）

行数	针数	备注
1	6	起针后钩织6针短针
2	12	加针6次
3	18	1次，加针1次
4	24	2次，加针1次
5	30	3次，加针1次
6	36	4次，加针1次
7	42	5次，加针1次
8	48	6次，加针1次
9	54	7次，加针1次
10	60	8次，加针1次
11	66	9次，加针1次
12	72	10次，加针1次
13	78	11次，加针1次
14	84	12次，加针1次
15	90	13次，加针1次
16	96	14次，加针1次
17~30	96	无加减针
31	90	14次，减针1次
32	84	13次，减针1次
33	78	12次，减针1次
34	72	11次，减针1次
35	66	10次，减针1次
36	60	9次，减针1次
37	54	8次，减针1次
38	48	7次，减针1次
39	42	6次，减针1次
40	36	5次，减针1次

瞬间就变大喽！
立刻又变小喽！

右侧为偏细毛线、钩织图放大两倍后钩织而成的玩偶猫。
左侧为极细毛线、普通钩织图钩织而成的玩偶猫。

制作玩偶猫需准备的材料

毛线

要使用踫触时感觉舒服的毛线，颜色可按个人喜好挑选，总体给人的感觉自然清新。混有羊毛或美利奴的毛线手感更佳、更柔和。相比其他各种线来说，更推荐初学者选用标准纱线，我个人爱用偏细的毛线。

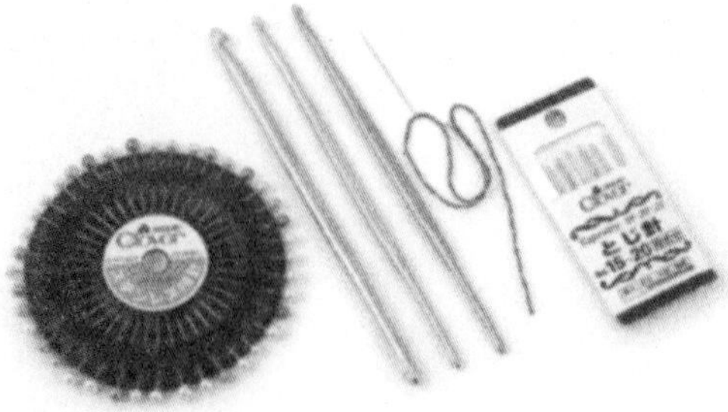

钩针、缝纫针、绷针、刺绣针

毛线标签上注明的钩针号数便是标准。钩织时会因人而异，所以先进行试钩织，找到最适合的钩针。通常来说，我钩织时手感偏紧密些，用偏细的毛线时会选用6号针。

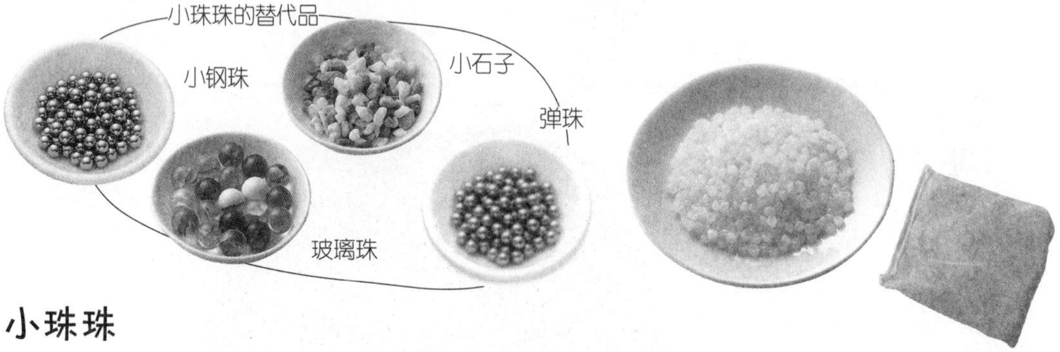

小珠珠

可以在手工店购买到所用的小珠珠，将它们塞入臀部和上下肢顶端，使作品更具垂坠感。如果家中有小朋友，需要注意避免小珠珠从针脚中漏出。放入长筒袜制作的小袋中再使用更放心。小石子、弹珠、玻璃珠等可做替代品。

刺绣线

可以在手工店购买到刺绣眼睛、眉毛、嘴巴时使用的刺绣线。如不喜欢光泽质地的话，可以使用细毛线。

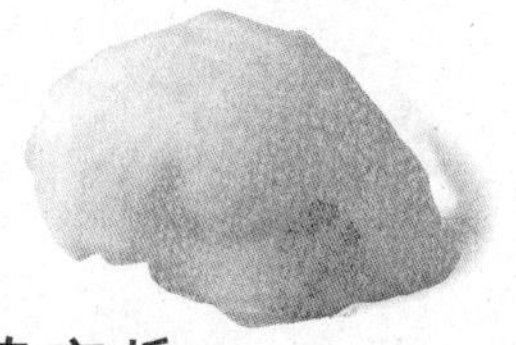

填充棉

可以在手工店购买到玩具用的填充棉。如果塞太满会引起毛线变形，需小心注意。

毛毡

可用于制作鼻子，也可以按个人喜欢用于制作眼睛和舌头等。若不用剪刀仔细裁剪的话，裁剪口会呈毛边状。

制作小物材料

布料

制作坐垫、床上用品、衣服时使用。

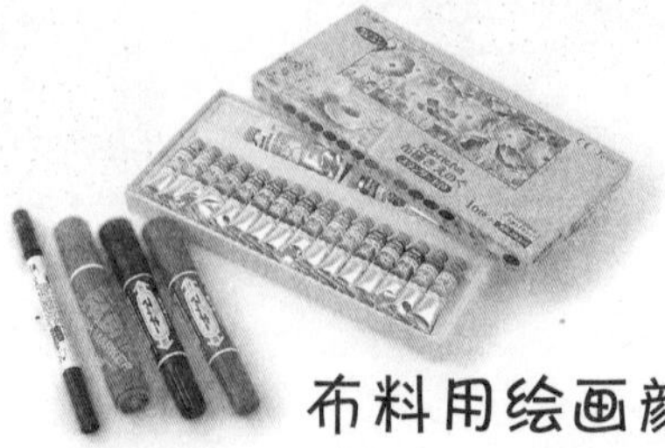

布料用绘画颜料、笔

可以在布料上随意画出各种花样，个性原创。

不同花样的钩织方法图

钩织中途变换毛线的颜色，可以制作出样式丰富的花样。
插图中的数字为变换颜色时的参考行数。

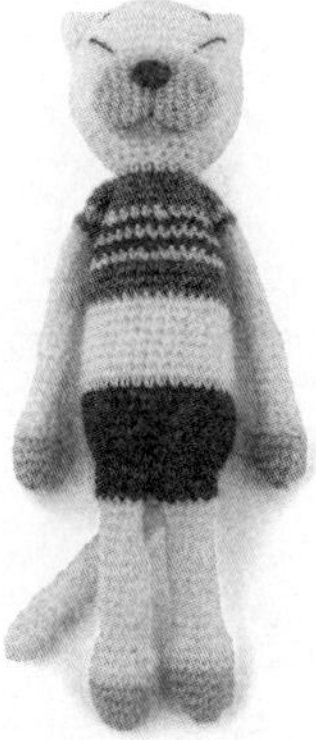

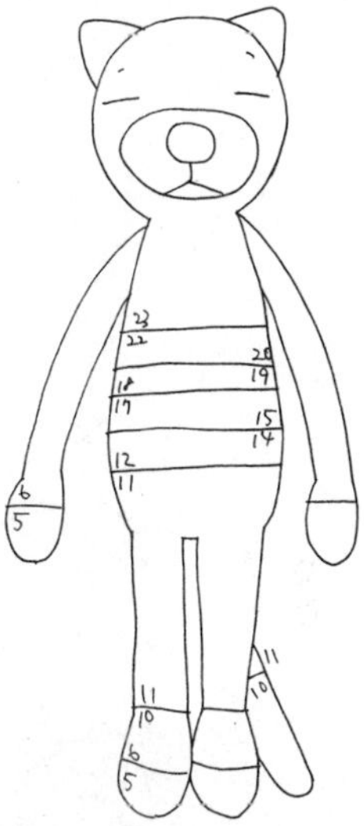

棉被与坐垫的制作方法

棉被和坐垫大一些的话，玩偶猫看起来会更可爱哦！

垫被

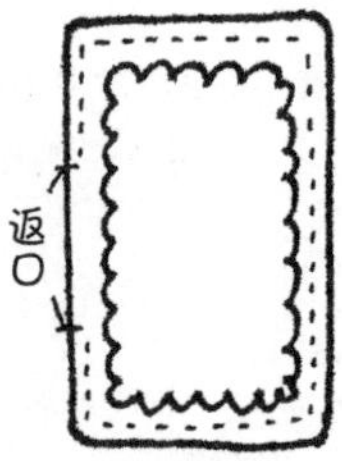

①两块四方形布料正面相对重叠，周围缝合。

②与填充棉重叠，翻到正面，缝合返口。

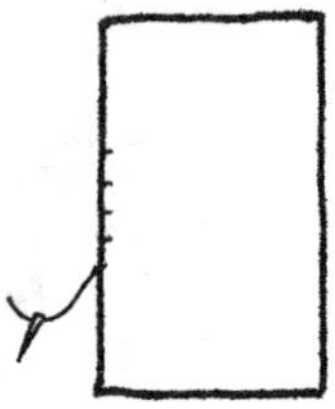

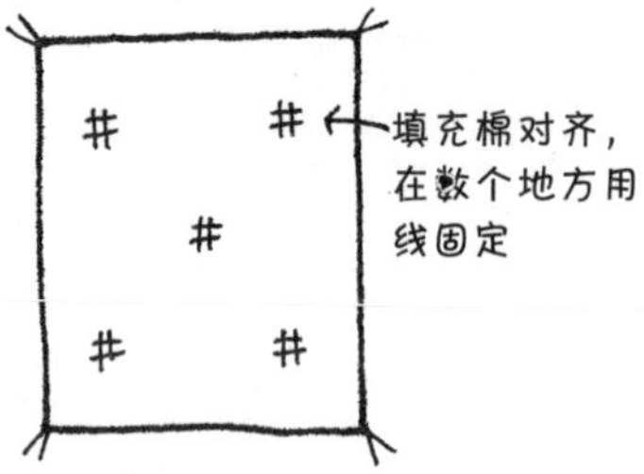

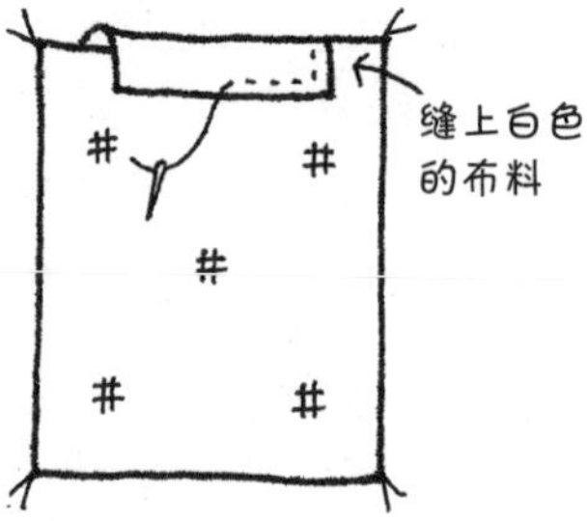

与垫被一样，制作时塞入填充棉后缝上白色的布料。

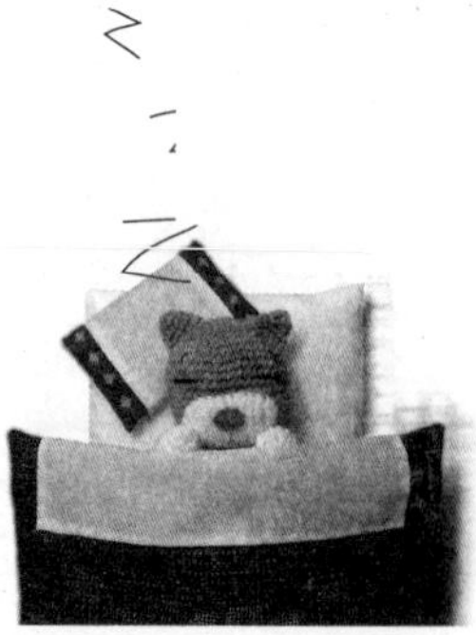

枕头

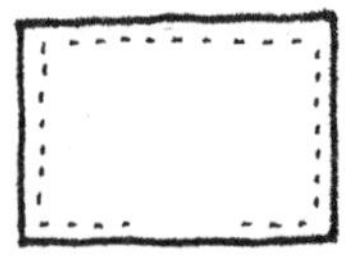

①两块四方形布料正面相对重叠，周围缝合后翻到正面。

②塞入小珠珠，缝合返口。

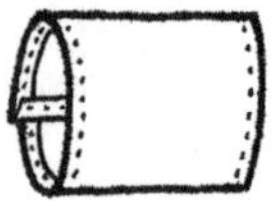

用白色布料制作枕头套

坐垫

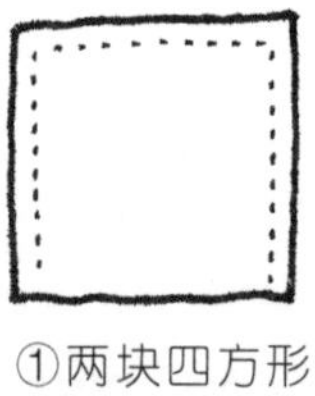

①两块四方形布料正面相对重叠，周围缝合。

②铺上四方形的填充棉。

③压住，避免填充棉错开，再翻到正面，将剩余的一边缝合。

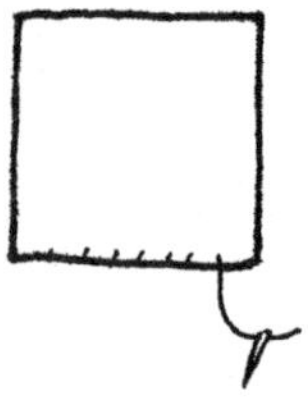

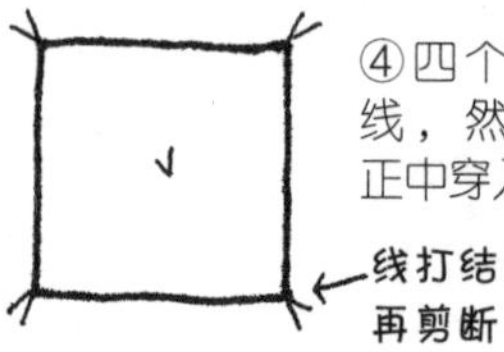

④四个角穿入线，然后再在正中穿入线。

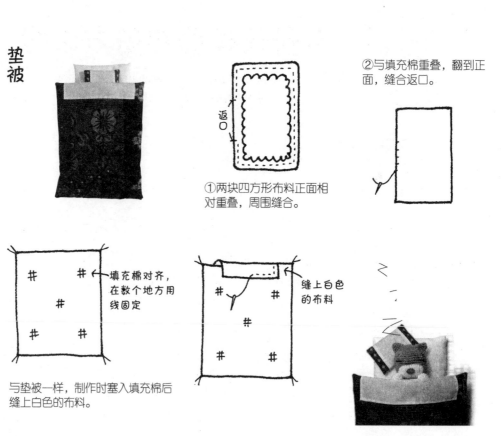

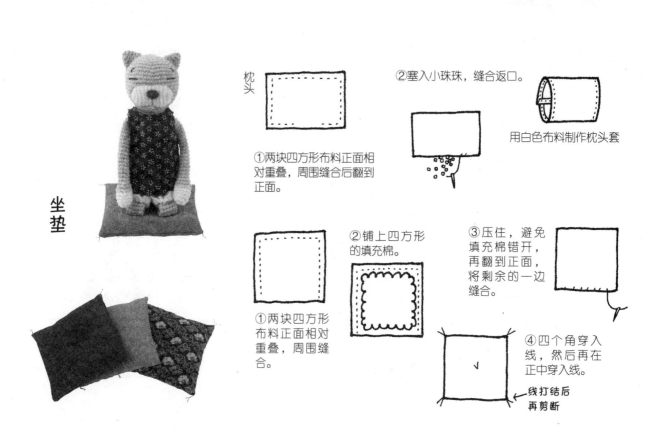

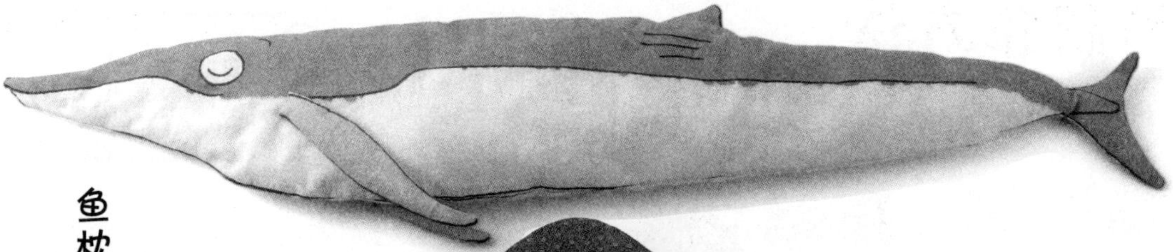

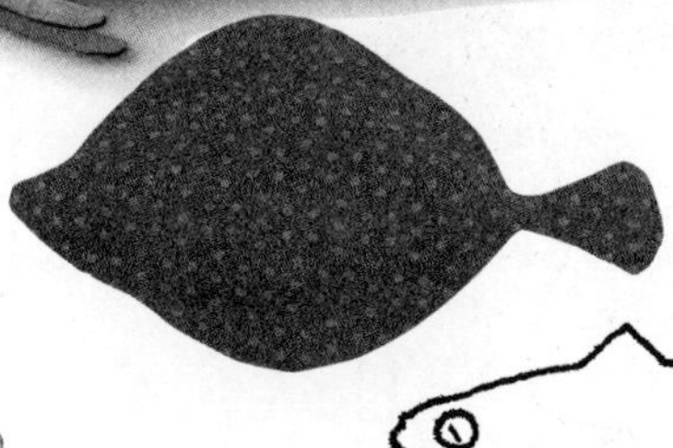

鱼枕头

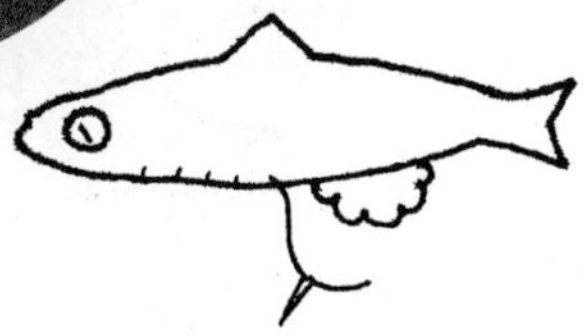

②翻到正面，塞入填充棉，缝合返口。

①两块裁剪成鱼形状的布料正面相对合拢重叠，周围缝合。

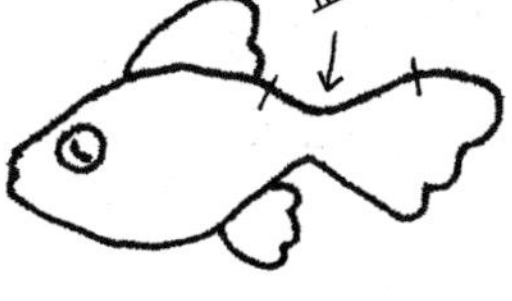

乌贼坐垫

②缝出耳朵部分，塞入填充棉

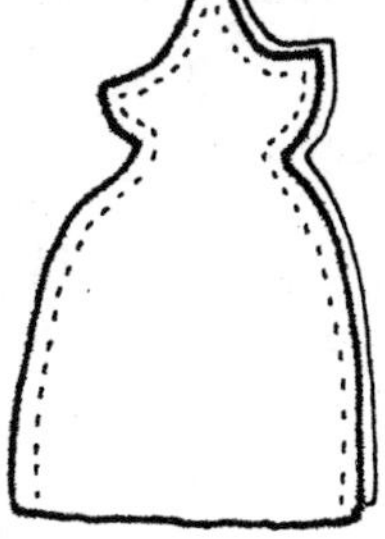

①两块主体正面相对合拢，缝合后翻到正面。

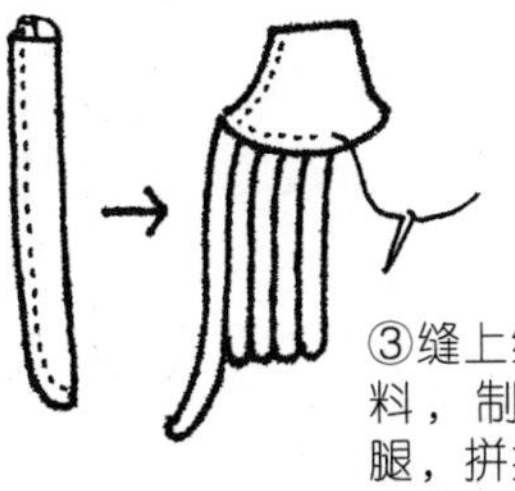

③缝上细长型的布料，制作出10条腿，拼接腿的根部先剪开再缝合。

④最后将③插入躯干中，缝合。

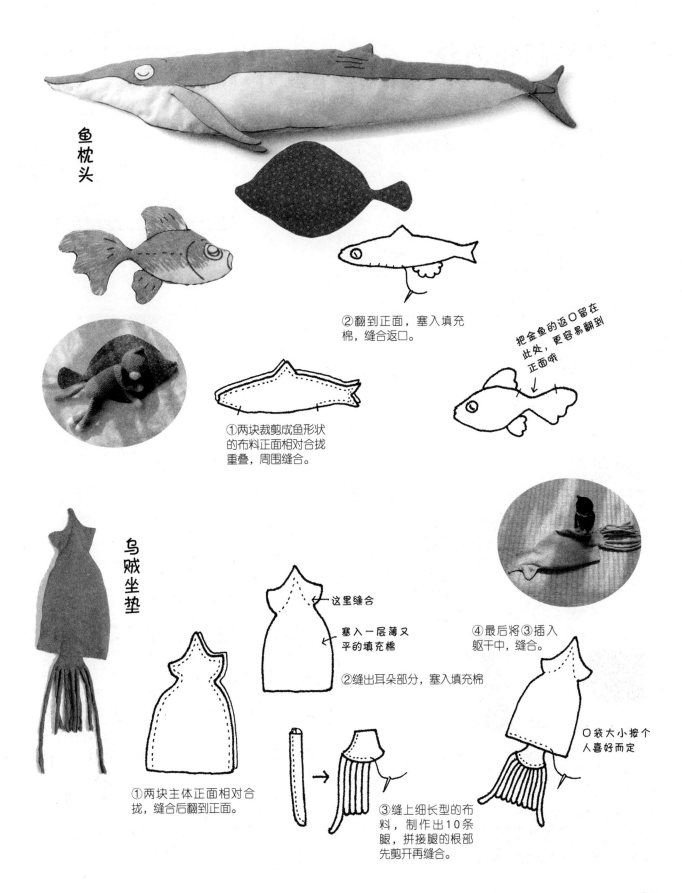

衣服的制作方法

※纸样需扩大200%后使用。留出必要的缝份后再裁剪布料。

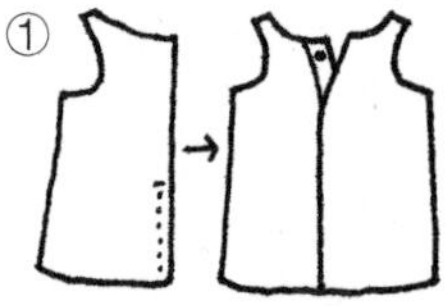

①后身片正面相对合拢，中心缝至开口收针处，再缝上按扣。

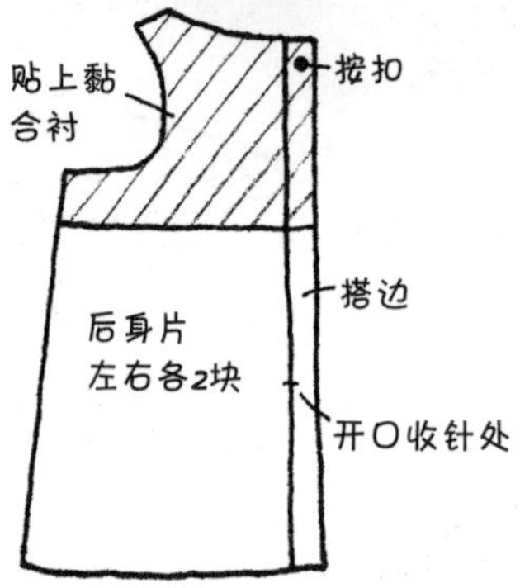

②前身片与①正面相对合拢，侧边、肩部缝合，处理好下摆后翻到正面。

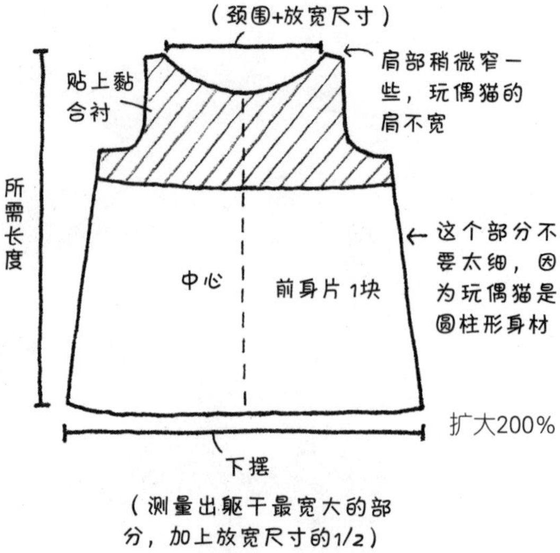

连衣裙的纸样

●连衣裙（西瓜服相同）
后身片的其中一侧需缝上按扣，因此要留出搭边后再裁剪布料。袖口、前襟部分比较琐碎，反面要贴上黏合衬。

●打底短裤
腰间和裤口处会穿入皮筋，裁剪布料时需多留一些缝份。

①打底短裤前片、后片各自正面相对合拢，中心缝合。留出尾巴孔、下裆不缝。再将前片与后片正面相对重叠，两侧缝合。

②缝合下裆，腰间、裤口处穿入皮筋。

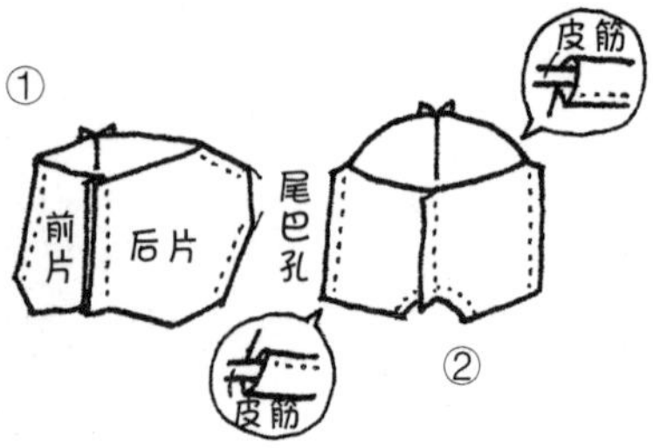

打底短裤纸样

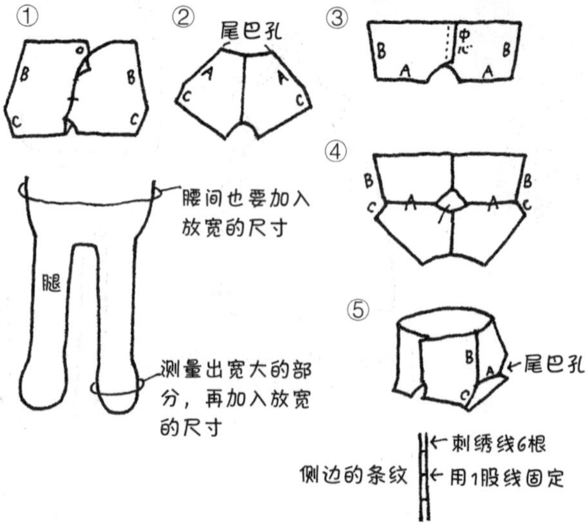

泳裤

①泳裤前片的其中一侧需缝上按扣，留出搭边部分后再裁剪布料，然后将泳裤前面的中心缝合。
②缝底边侧面的中心部分。
③缝臀部的中心部分。
④底边侧面与臀部A缝合。
⑤泳裤前片与③的B缝合，然后再缝合C的部分。前片与侧边侧面的下裆部分也要缝合。缝上按扣，处理好缝份。再用刺绣线在侧边绣出条纹。

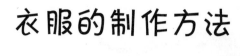

●蚕宝宝睡袋

①测量尺寸。

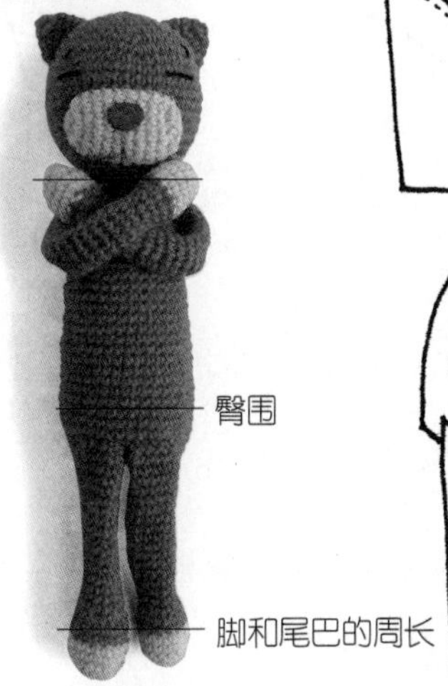

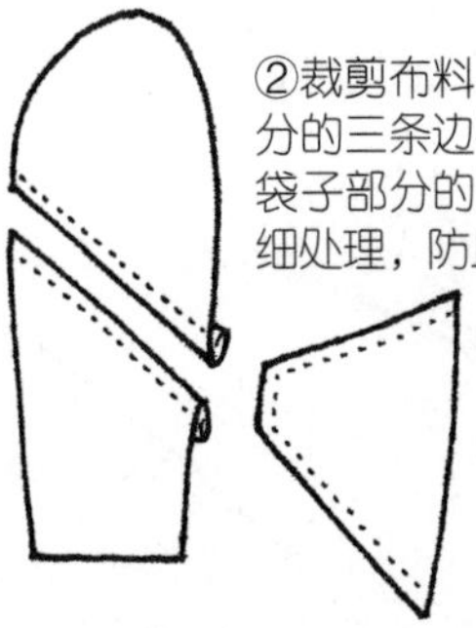
抱手取暖时的周长

②裁剪布料，袋盖部分的三条边与贴边、袋子部分的开口处仔细处理，防止脱线。

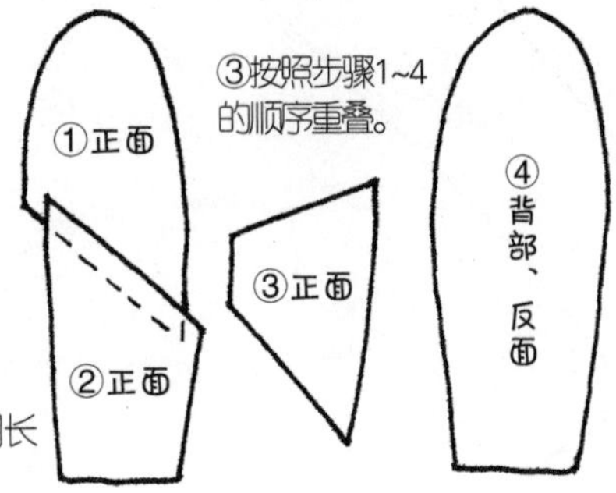

③按照步骤1~4的顺序重叠。

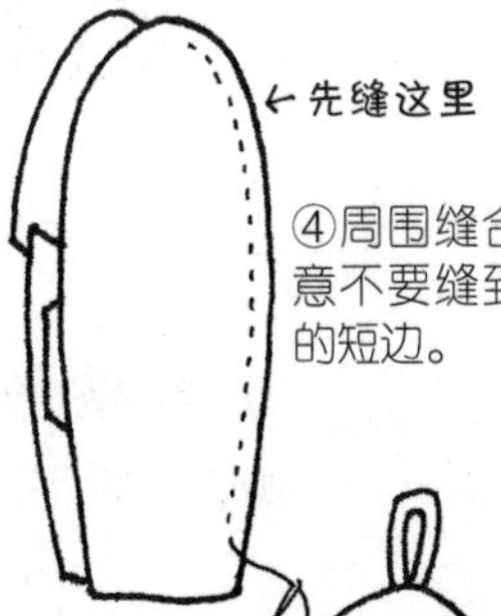

④周围缝合，注意不要缝到袋盖的短边。

刚好能看到手，
好可爱呢！

⑤翻到正面，按个人喜好缝上纽扣和绳带。如果有安全别针的话是最方便的。

蚕宝宝睡袋的纸样

扩大200%

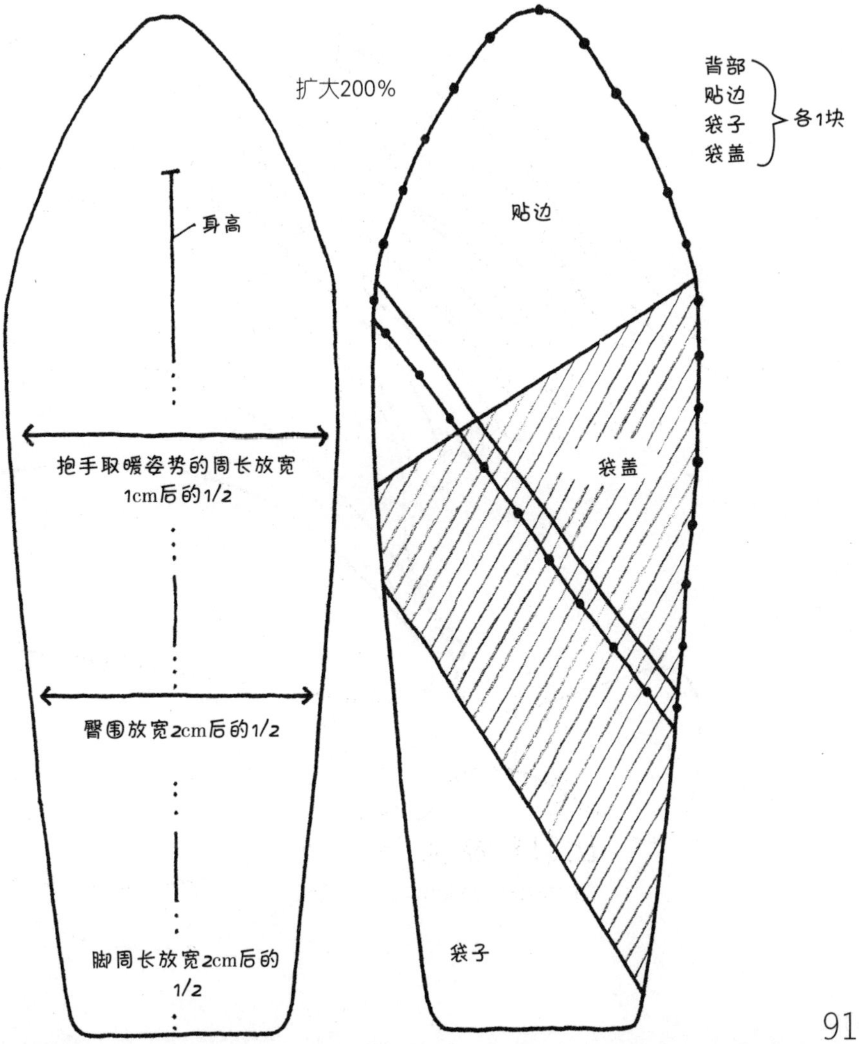

泳裤的纸样

扩大200%

纸样

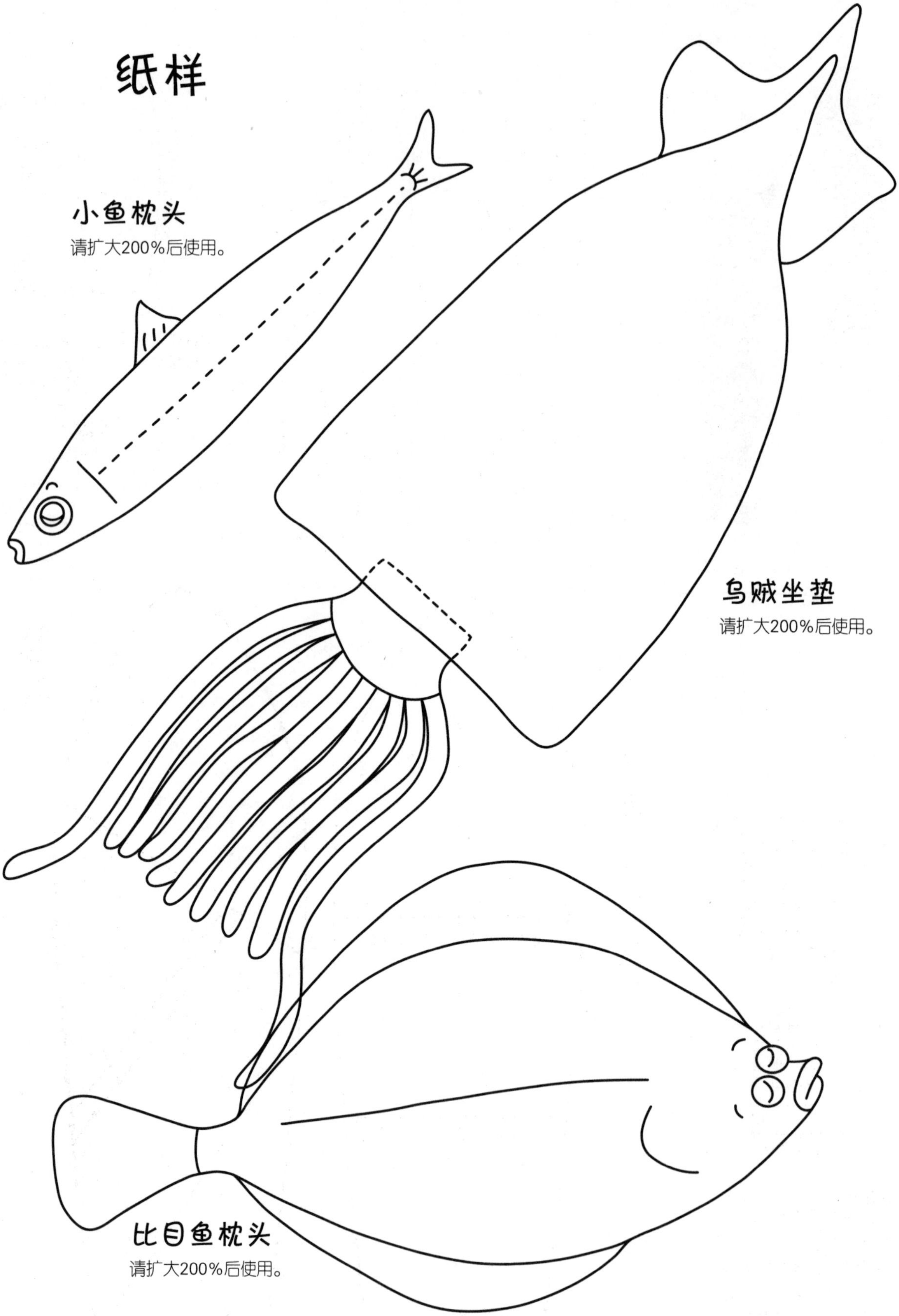
小鱼枕头
请扩大200%后使用。
乌贼坐垫
请扩大200%后使用。
比目鱼枕头
请扩大200%后使用。

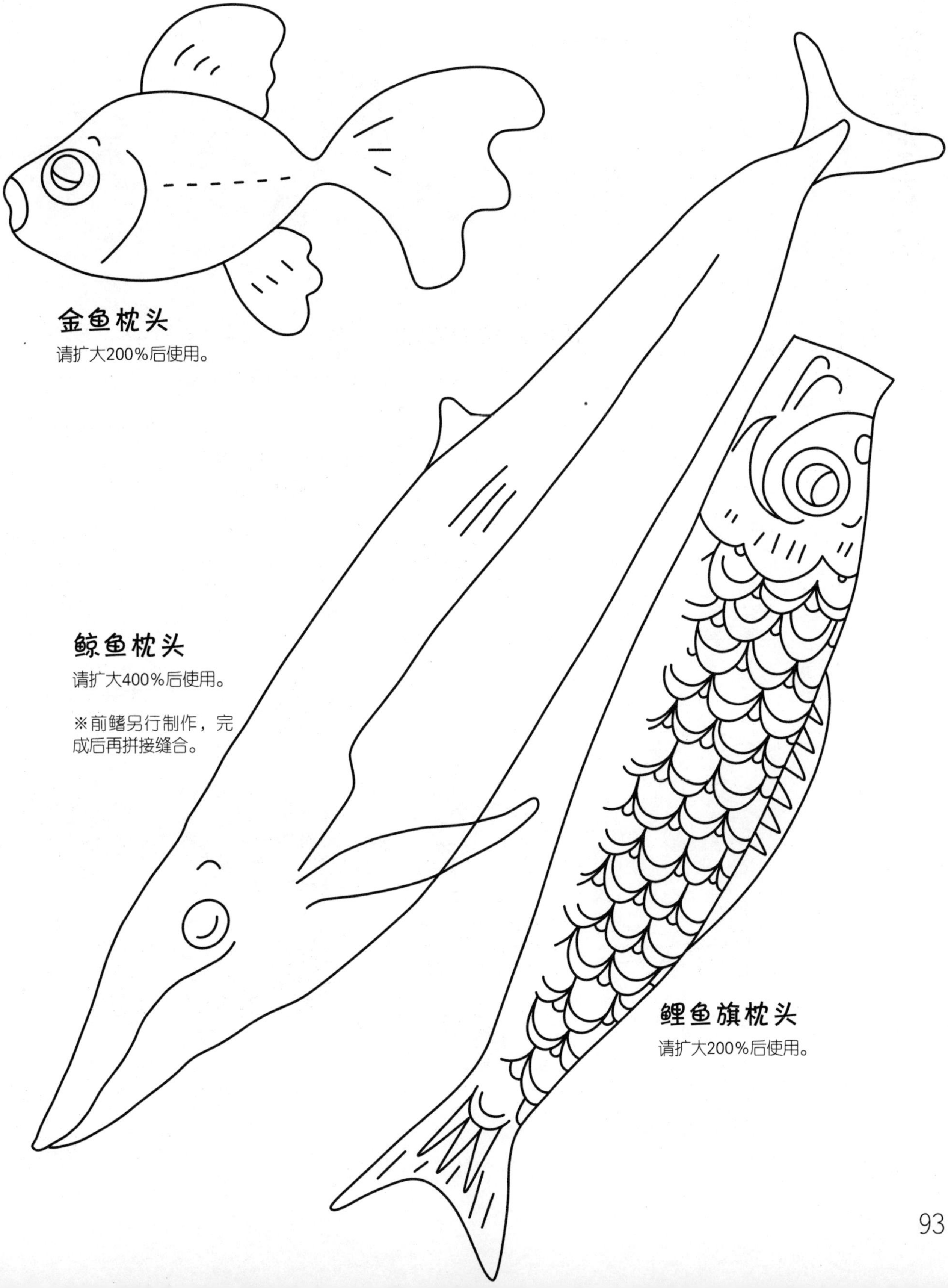

金鱼枕头

请扩大200%后使用。

鲸鱼枕头

请扩大400%后使用。

※前鳍另行制作，完成后再拼接缝合。

鲤鱼旗枕头

请扩大200%后使用。

钩织的基本方法

这里对玩偶猫制作的钩织方法进行解说。记住后钩织就变得更容易了，加油哦！

挂线方法和拿钩针的方法

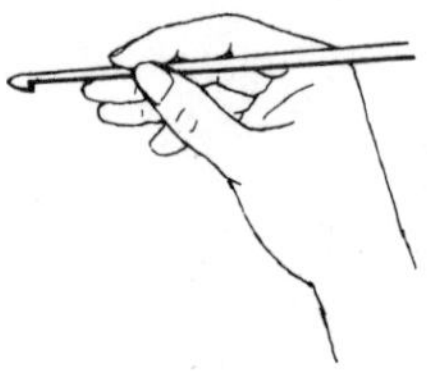

●钩针的拿法（右手）
针尖钩子侧向内，大拇指和食指拿住钩针，再放上中指。

●挂线方法（左手）
①线头夹到小指和无名指指尖，从内侧穿出，然后从食指的外侧挂到内侧。

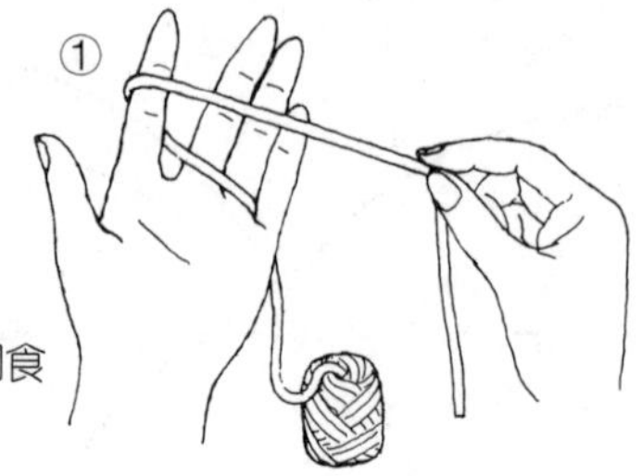

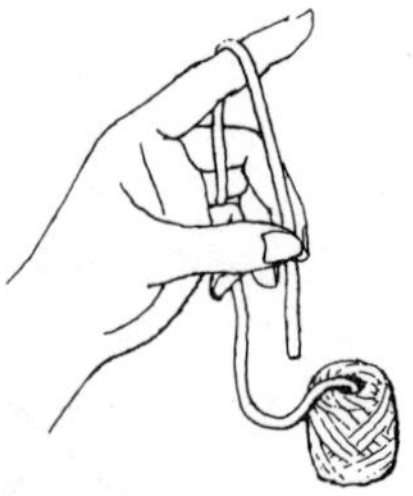

②用大拇指和中指捏住线头，挑起食指，拉紧线。

短针的钩织方法（用线圈圆环起针后的钩织方法）

用线圈制作圆圈起针，再一圈一圈钩织出圆形的方法。

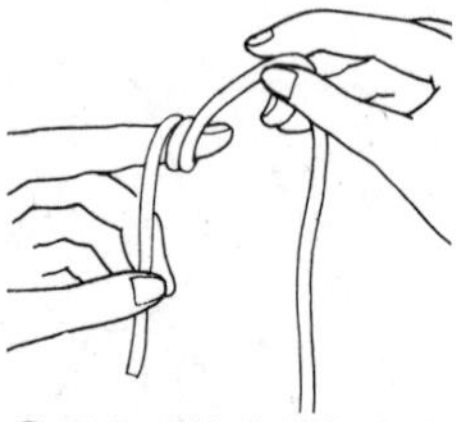

①用左手的大拇指和中指捏紧线头，再在食指上缠两圈线。

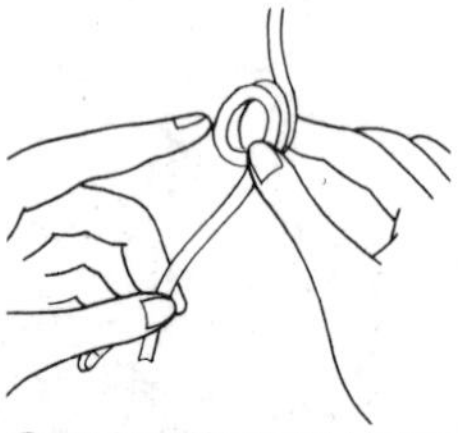

②用右手将圆环从手指中取出。

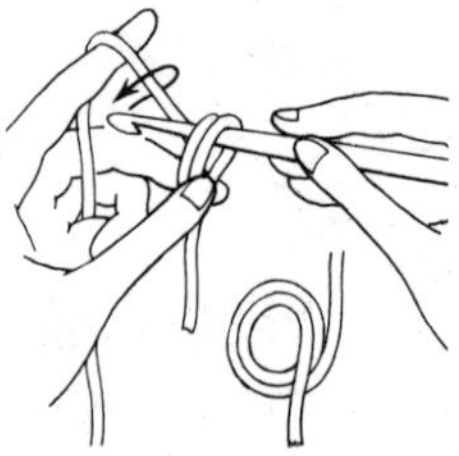

③圆环换到左手，编织线挂到食指上，钩针插入圆环中，挂线后引拔抽出。

④再次挂线，按照箭头所示引拔抽出，钩织1针锁针。

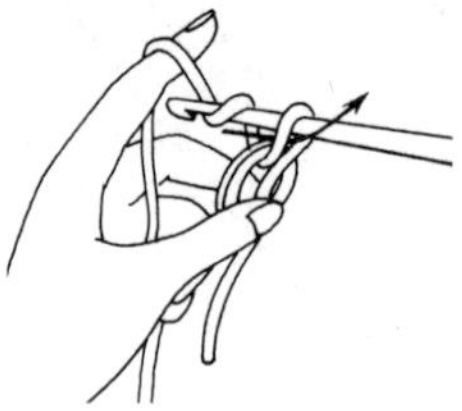

⑤然后钩织短针。先将针插入圆环中，挂线后引拔抽出。

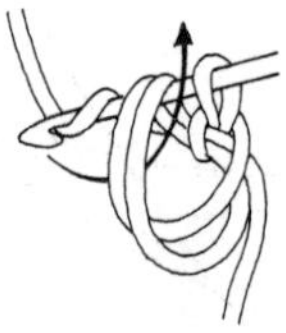

⑥然后再在针上挂线，按照箭头所示，一次性引拔穿过两个线圈。

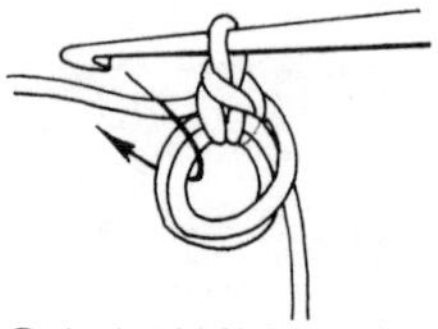

⑦完成1针钩针。重复步骤⑤、⑥，钩织指定的针数。

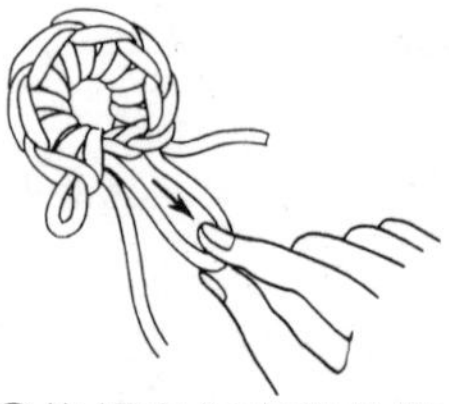

⑧钩织完指定的针数后，暂时取出针，将最开始圆环内侧的线拉紧，缩紧线圈。

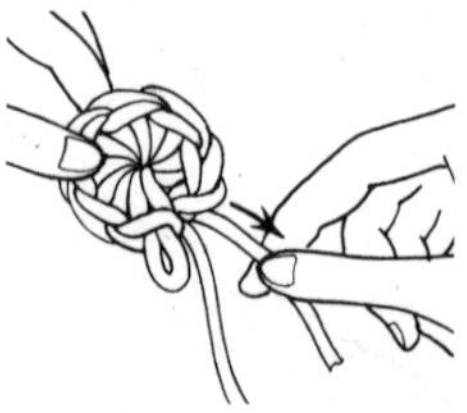

⑨拉动线头，缩小圆环。

⑩引拔抽出挂好的线。然后再次挂线，一次性穿过两个线圈，钩织短针。

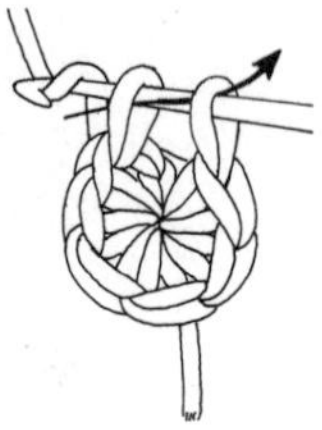

■钩织完第1针。从第2针开始将起针的线头包住后再钩织。

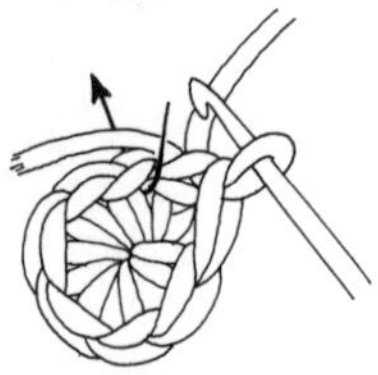

○钩织立起的针脚。行间终点处将钩针插入钩织起点的短针头针中，挂线后再引拔钩织一次。

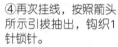

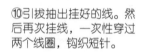

● 短针2针并1针（减1针）

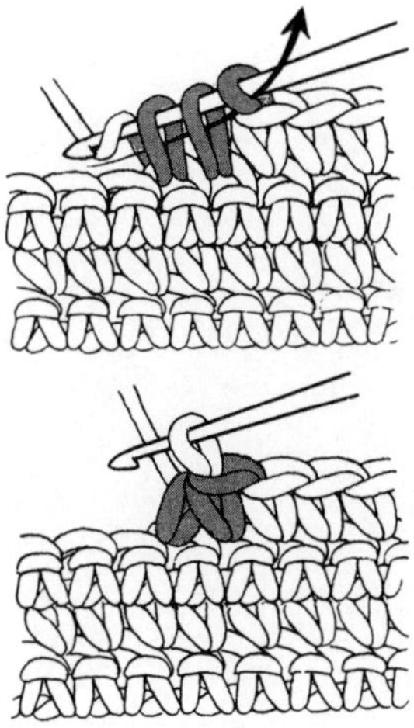

● 短针1针分2针（加1针）

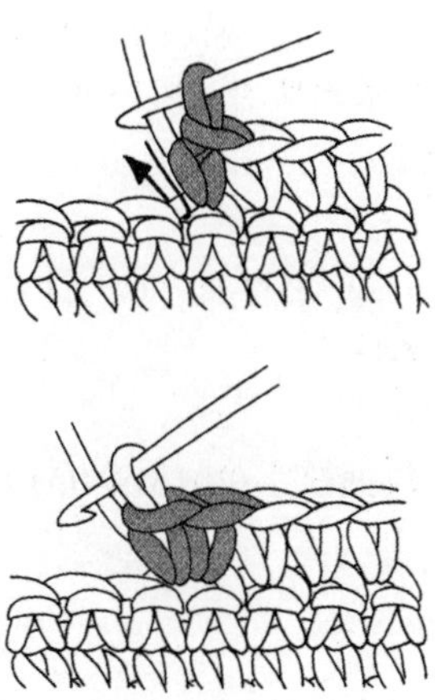

● 引拔针

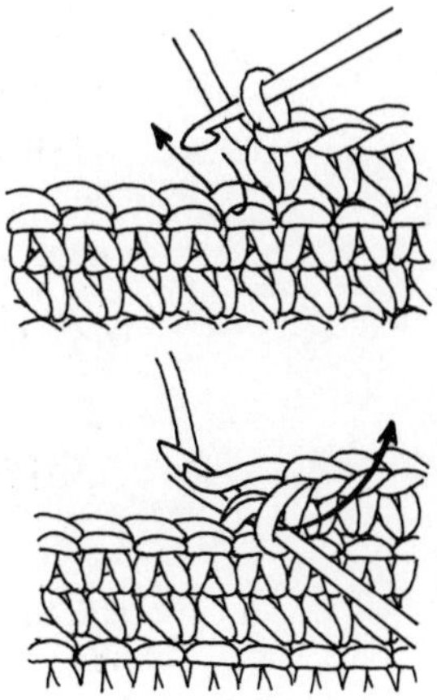

必须掌握的技巧

●钩织立起的针脚

变换配色线，钩织条纹时条纹花样不会错开。

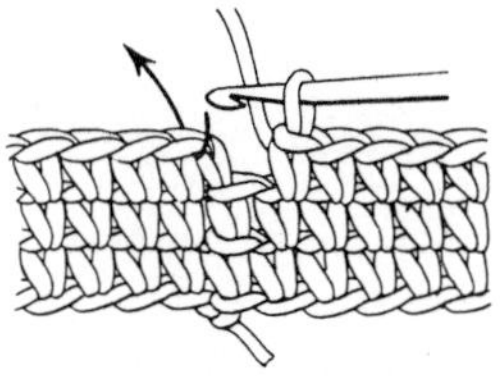

①行间钩织终点处将钩针插入钩织起点的短针头针中，挂线后引拔抽出。

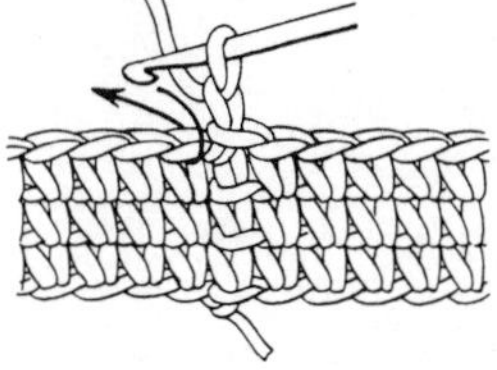

②钩织1针锁针。再在同一针脚中插入钩针，钩织短针。

●变换配色线

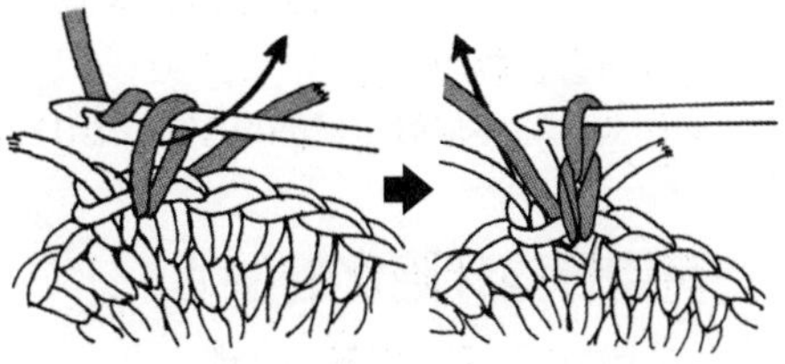

在指定行钩织完引拔针后剪断线。再将钩针插入同一针脚中，挂上配色线后引拔抽出，钩织1针立起的锁针。然后再在同一针脚中插入钩针，钩织短针。

●订缝方法（卷缝）

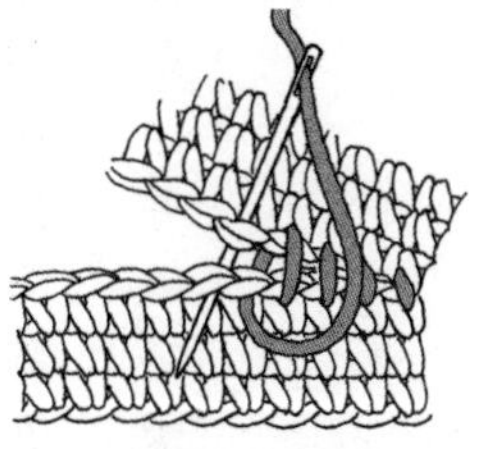

将需要订缝的织片相对合拢，用缝纫针将各自短针头针的锁针两根线挑起，缝合。

图书在版编目（CIP）数据

有钩针猫咪陪伴的生活 / (日) 猫山著；何凝一译
. —石家庄：河北科学技术出版社, 2013.3
ISBN 978-7-5375-5762-7

Ⅰ. ①有… Ⅱ. ①猫… ②何… Ⅲ. ①钩针-编织-
图集 Ⅳ. ①TS935.521-64

中国版本图书馆CIP数据核字(2013)第051493号

TITLE:［あみねこのいる生活］
BY:［ねこやま］

著作权合同登记号：冀图登字 03-2013-047

有钩针猫咪陪伴的生活

［日］猫山　著　何凝一　译

策划制作： 北京书锦缘咨询有限公司（www.booklink.com.cn）
总 策 划： 陈　庆
策　　划： 李　伟
版式设计： 李瑞霞

出版发行　河北科学技术出版社
地　　址　石家庄市友谊北大街330号（邮编：050061）
责任编辑　杜小莉
印　　刷　北京市泰华印刷有限责任公司
经　　销　全国新华书店
开　　本　210mm × 260mm　1/16
印　　张　6
字　　数　24千字
版　　次　2013年9月第1版　　2013年9月第1次印刷
书　　号　ISBN 978-7-5375-5762-7
定　　价　32.00元